晶·彩——探寻神奇的矿物世界

CRYSTALS & COLORS：
EXPLORING THE MAGICAL WORLD OF MINERALS

山东博物馆◎编著

山东友谊出版社·济南

图书在版编目（CIP）数据

晶·彩：探寻神奇的矿物世界 / 山东博物馆
编著 .— 济南：山东友谊出版社，2023.8
　　ISBN 978-7-5516-2597-5

　　Ⅰ .①晶… Ⅱ .①山… Ⅲ .①矿物－图集 Ⅳ .
①P57-64

中国国家版本馆 CIP 数据核字 (2023) 第 044338 号

晶·彩——探寻神奇的矿物世界
JING·CAI—— TANXUN SHENQI DE KUANGWU SHIJIE

本书策划：陈冠宜
责任编辑：任　吟
装帧设计：刘洪强

主管单位：山东出版传媒股份有限公司
出版发行：山东友谊出版社

　　　　地址：济南市英雄山路 189 号　邮政编码：250002
　　　　电话：出版管理部（0531）82098756
　　　　　　　发行综合部（0531）82705187
　　　　网址：www.sdyouyi.com.cn

印　　刷：济南新先锋彩印有限公司

开本：889 mm×1 194 mm　　1/16
印张：17.25　　　　　　　字数：345 千字
版次：2023 年 8 月第 1 版　印次：2023 年 8 月第 1 次印刷
定价：238.00 元

《晶·彩——探寻神奇的矿物世界》编委会

◎ 主　　　任：刘延常　郑同修

◎ 副　主　任：卢朝辉　杨爱国　张德群　王勇军　高　震　韩刚立

◎ 委　　　员：于　芹　于秋伟　卫松涛　马瑞文　王　霞　王海玉　左　晶　庄英博

　　　　　　　孙若晨　孙承凯　李　娉　李小涛　辛　斌　张德友　陈　辉　庞　忠

　　　　　　　赵　枫　姜惠梅　徐文辰　韩　丽（按姓氏笔画排列）

◎ 主　　　编：刘立群

◎ 副　主　编：石飞翔　李　萌　刘明昊　贾　强

◎ 摄　　　影：周　坤

序

在地球46亿年漫长的演化史中，构成地球的化学元素经过不断迁移、聚合，形成了种类繁多、形态迥异的矿物。矿物具有相对固定的化学元素组成和稳定的内部结构，其中蕴含着大量的信息，这些信息有助于我们解析地球的起源和发展、矿产资源的形成与演化、环境的变迁与修复以及材料的利用和研发等。同时，由矿物组成的岩石，作为构成地壳的物质基础，为生命世界的形成、演化和繁荣提供了必要条件。

对矿物的认知和利用伴随着人类社会的发展历程。从旧石器到新石器，从陶器到青铜器、铁器，从工业革命到如今的电子信息时代，我们从未离开过矿物，始终在利用并依赖矿物生存。从某种意义上来说，人类文明发展史，也是矿产资源的开发利用史。在科学技术高速发展的今天，矿物的作用尤其突显，硅是芯片的主要材料，铀是重要的核燃料，铝、镁、钛等轻金属材料广泛应用于航空航天……我们舒适、便利和高效的现代化生产生活，一刻也离不开矿产资源。

科技创新、科学普及是实现创新发展的两翼，二者同等重要。自然科学的展览展示是开展科学普及的重要途径，可以直观、高效地传播科学知识、科学方法、科学思想和科学精神，从而提升社会公众的科学素质。《晶·彩——探寻神奇的矿物世界》是山东博物馆精心打造的自然科学科普展览，展厅以矿体围岩、开采巷道、矿车、轨道为素材，模拟地下矿井开采的矿洞场景，给人以沉浸式体验；从普通的碧玺、托帕石、海蓝宝石，到名贵的红宝石、蓝宝石、祖母绿，来自自然界晶莹璀璨的宝石引领大家探索神奇的矿物世界；颜料、建材、金属等身边的矿物与有趣的桌面互动小游戏，寓教于乐，增加观众尤其是青少年对生活中矿物的认知。

  本书以山东博物馆同名展览内容为蓝本，以馆藏标本为基础，从矿物的命名与特征说起，按照晶体化学分类法对主要的矿物标本进行系统介绍，并简要叙述对于宝石、颜料及金属、非金属等代表性矿物的应用。全书精选400多幅精美图片，涉及100余种矿物，除了讲述矿物的基础知识外，更加重视并突出矿物自身的形态和色彩的美感，不仅能使我们欣赏到矿物之美，还能使我们徜徉在地球科学的知识殿堂。现在就让我们一起开启探索矿物世界的奇妙之旅吧！

山东博物馆党委书记、馆长   刘延常

目录

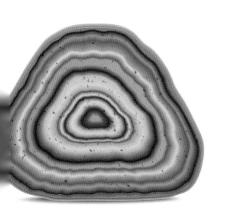

晶 · 彩 —— 探 寻 神 奇 的 矿 物 世 界

大地结晶

——矿物的蕴藏之道

矿物，是什么？

它们是从哪儿来？又是如何形成的？

矿物，是大自然赐予人类的宝藏，

记录着地球演化的沧桑历史。

大地结晶——矿物的蕴藏之道

1.1 什么是矿物

矿物是自然形成的天然固体单质或化合物，具有相对固定的化学成分、内部结构和稳定的物理化学性质。矿物是组成岩石和矿石的基本单位。矿物的范围曾局限于地球矿物，现已延伸到陨石、月岩等宇宙矿物。另外，矿物的状态为均匀的固体，气体和液体都不属于矿物。

△ 水晶和镜铁矿共生

△ 铁陨石，切面具维斯台登结构　产地：瑞典

岩石是天然产出的由一种或几种矿物或其他物质（如火山玻璃、生物遗骸、地外物质等）组成的、具有一定结构构造的矿物集合体。没有固定外形的液体、气体以及松散的沙、泥等物质，都不是岩石。

矿石是指从矿体中开采出来的且在当前技术和经济条件下有利用价值，即能以工业规模从中提取有用物质并能由此获得经济效益的矿物集合体，如赤铁矿、磁铁矿等铁矿石可用于提炼金属铁。

矿产是指地壳中有开采价值的物质。矿产可以是固体、液体或气体，分为金属、非金属、可燃有机矿产等类别，是非可再生资源。除了天然无机矿物外，煤、石油、天然气等化石燃料也属于矿产。

△ 烟煤

△ 中粒正长花岗岩

1.1.1 矿物的命名

自然界中已发现的矿物有5000多种，全世界每年还有一定数量的新矿物被发现，这么多的矿物是如何命名的呢？其英文名称一般是国际通用的矿物名称，多由矿物的发现者来命名，再由国际矿物学协会核准。目前国际地质界常用的命名原则主要包括：① 以人名或地名命名，如lishizhenite李时珍石、hsianghualite香花石（产地为湖南香花岭）；② 根据物理特性、化学成分命名，如磁铁矿（具有磁性的氧化铁）、尖晶石（有尖角的结晶体）；③ 某些矿物系列或族（超族）的新矿物则要根据特定规范命名，加专用的前缀、后缀等，如dingdaohengite-（Ce）丁道衡矿。

矿物的中文名，除沿用我国历史名称外，还有一些传统的命名习惯，主要有：

① 具有金属光泽或者可用来提炼金属的矿物，一般被称为某"矿"，如方铅矿、赤铜矿、白钨矿等。

② 具有金刚光泽、玻璃光泽的矿物，一般被称为某"石"，如方解石、透闪石、萤石等。

③ 通常呈细小颗粒状产出的矿物，一般被称为某"砂"，如辰砂、硼砂等。

④ 可用作宝玉石材料的矿物，通常被称为某"玉"，如黄玉、刚玉等。

⑤ 地表次生的呈松散状产出者，一般被称为某"华"，如钴华、铋华等。

⑥ 比较易溶于水的硫酸盐矿物被称为某"矾"，如明矾、胆矾等。

此外，有些矿物是在我国首先发现并命名，还有很多矿物名是由外文翻译而来，大多数是根据其化学成分转译而来，少数为音译名。

△ 钴华

△ 镜铁矿和水晶

1.1.2 矿物的化学成分

化学元素是形成矿物的物质基础。除少数矿物是由一种元素组成，以单质形式存在外，绝大多数是由两种或两种以上化学元素组成的化合物，矿物的化学成分可用化学式来表示。如石英的化学式为 SiO_2，表示硅原子（Si）与氧原子（O）结合在一起，列在氧元素符号（O）右下方的数字 2 表示有 2 个氧原子。

矿物的化学成分是决定矿物各项性质的最根本的因素之一，不但是区别不同矿物的重要依据，也是人类利用矿物资源的一个主要方面。

✳ 小知识｜元素与元素周期表

化学元素，也称元素，是指不能再分解成更简单的化学物质。

历史上，为了寻求各种元素及其化合物间的内在联系和规律性，科学家进行了许多尝试。1869 年，俄国化学家门捷列夫在前人研究的基础上，将元素按照相对原子质量由小到大依次排列，并将化学性质相似的元素放在一起，制出了第一张元素周期表。

随着化学科学的不断发展，元素周期表为未知元素留下的空位逐渐被填满，周期表的形式也变得更加完美。原子结构的奥秘被揭示以后，元素周期表元素的排序依据由相对原子质量改为原子的电荷数，周期表也逐渐演变成我们现在常用的这种形式。元素周期表的意义重大，在预测新元素的结构和性质、指导新元素的合成、寻找新物质等方面都提供了重要的线索。在自然科学的众多学科中，如化学、物理学、生物学、地质学等诸多学科，元素周期律与周期表都是人类认识物质世界的重要工具。

△ 元素周期表

1.2 矿物晶体与形态

矿物的形态千姿百态，就其单体而言，它们的大小悬殊，有的用肉眼或一般的放大镜可见，有的则需要借助显微镜或电子显微镜来辨认；有的晶形完好，呈现规则的几何多面体形态；而有些矿物的晶体却并不能发育形成几何多面体的外形。

1.2.1 晶体与非晶体

矿物常具有独特的形态，这取决于它们的内部结构——空间格子，即晶体内部结构中质点周期性、成规律、重复排列的几何图形。而绝大多数矿物都是具有格子构造的晶体。

● 晶体

内部质点（分子、原子或离子）在三维空间周期性地重复排列所构成的固体物质，通常表现为规则的几何多面体形态。

● **非晶体**

不具格子构造的固体称为非晶体，其内部结构是不规律的或者近程有序而长程无序。

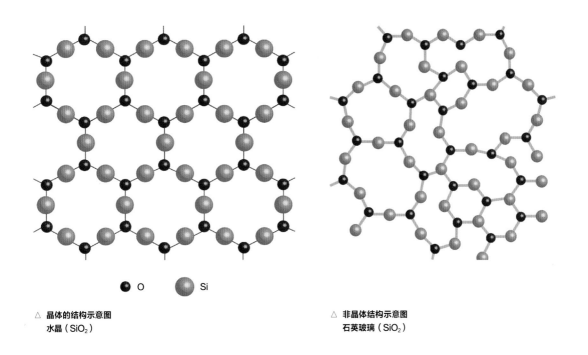

● O　● Si

△ **晶体的结构示意图**
水晶（SiO₂）

△ **非晶体结构示意图**
石英玻璃（SiO₂）

1.2.2 晶系

根据晶体几何形态的对称程度，矿物晶体划分为三大晶族和7个晶系。低级晶族包括三斜、单斜、正交3个晶系，其特征是晶体没有高于二次的旋转轴或反轴；中级晶族包括三方、四方、六方3个晶系，其特征是晶体有且只有1个高于二次的旋转轴或反轴；高级晶族为等轴晶系，其特征是晶体具有1个以上轴次大于二次的旋转轴。在各类晶族中，再根据对称特点划分晶系，同时每种晶系也可以呈现出多种形状。

表2-1：晶系对比表

晶系	轴长\轴角	示意图	常见晶体形态
等轴晶系	a=b=c $\alpha = \beta = \gamma = 90°$		
四方晶系	a=b≠c $\alpha = \beta = \gamma = 90°$		
三方/六方晶系	a=b≠c $\alpha = \beta = 90°$, $\gamma = 120°$		
斜方晶系	a≠b≠c $\alpha = \beta = \gamma = 90°$		
单斜晶系	a≠b≠c $\alpha = \gamma = 90°$, $\beta > 90°$		
三斜晶系	a≠b≠c $\alpha \neq \beta \neq \gamma \neq 90°$		

1.2.3 形态

矿物的形态包括单体、规则连生体及同种矿物集合体的形态，是鉴定矿物的重要指示特征。

● **单体的形态**

单体的形态是指矿物单晶体的形态。根据晶体在三维空间的发育程度，其常见的形态大致分为一向延长型、二向延展型、三向等长型三种基本类型。

⊙ **一向延长型**

矿物晶体沿一个方向特别发育，呈柱状、针状、纤维状等，如水晶、绿柱石、电气石、角闪石、金红石等。

⊙ **二向延展型**

矿物晶体沿两个方向相对更发育，呈板状、片状、鳞片状和叶片状等，如重晶石、云母、石墨等。

⊙ **三向等长型**

矿物晶体在三维空间的三个方向发育大致相等，呈粒状、等轴状，如黄铁矿、石榴子石、萤石、方铅矿、闪锌矿、橄榄石等。

△ **铬铅矿，柱状**　　　△ **白云母，片状**　　　△ **石榴子石，等轴状**

● **晶体的规则连生**

除了单晶体以外，有些晶体可以连生在一起产出。在规则连生中包括同种矿物晶体的规则连生——平行连晶和双晶，以及不同种晶体间的连生——浮生和交生。

△ **黄铁矿，穿插双晶**

△ **萤石，平行连晶**

● **矿物集合体**

同种矿物的多个单体聚集在一起形成的整体。自然界中矿物大多以集合体的形式产出。用肉眼或借助于放大镜即能分辨出矿物单体的集合体为显晶集合体，有柱状、针状、板状、粒状等集合体形态；在高倍显微镜下才能分辨出矿物单体的集合体为隐晶集合体，有钟乳状、土状、鲕状、豆状集合体及晶腺、杏仁体集合体等形态。

△ 粒状集合体 锡石

△ 针状集合体 雌黄

△ 葡萄状集合体 三水铝石

△ 钟乳状集合体 孔雀石

△ 晶簇 水晶

△ 纤维状集合体 自然银

△ 葡萄状集合体 菱锌矿

△ 晶簇　方解石

1.3 矿物的物理性质

矿物的物理性质取决于矿物本身的化学组成和内部结构，由于矿物大多为晶体，其物理性质皆具有均一性、对称性和异向性。这是鉴别矿物的主要依据。

矿物对可见光的反射、折射和吸收等表现出来的各种性质称为矿物的光学性质，包括颜色、条痕、透明度、光泽、折射率等；而在外力如敲打、刻划、挤压等作用下表现出来的性质，称为矿物的力学性质，如解理、断口、裂开、硬度等；其他的物理性质，还有如密度与相对密度、弹性与挠性、脆性与延展性、熔点、导热性、挥发性、放射性、磁性、导电性与介电性等。这些特性在矿物的应用、鉴定及野外找矿等方面常有重要的意义。

1.3.1 颜色

颜色是矿物最明显、最直观的性质，对认识和鉴别矿物具有重要的意义。矿物的颜色，是指矿物吸收白色可见光中不同波长的光波后，透射和反射的各种波长可见光的混合色。矿物学中一般将颜色分为自色、他色、假色。

● **自色**

自色是矿物本身的颜色，它取决于矿物本身固有的化学成分及内部结构，一般相当固定，是鉴别矿物的重要依据之一。如孔雀石的绿色为其本身的颜色。

● **他色**

他色是指由矿物含有的外来带色的杂质、气液包裹体等引起的颜色，对鉴定矿物的意义不大。如方解石、水晶呈现的各种颜色即为他色。

● **假色**

假色是自然光照射到矿物表面或进入矿物内部，受到某种物理界面（裂隙、包裹体或氧化膜等）的作用而发生干涉、衍射、散射等产生的颜色，如方解石、云母等矿物在解理面上出现的虹彩的晕色，斑铜矿表面的蓝紫斑杂的锖（qiāng）色等。

✳ 小知识｜锖色

某些矿物表面因氧化作用而形成的薄膜所呈现的色彩。

△ 绿色孔雀石 自色

△ 紫色萤石 他色

△ 黄色萤石 他色

△ 绿色萤石 他色

▷ 斑铜矿 锖色

1.3.2 条痕

　　矿物的条痕是将矿物在白色无釉瓷板上刻划后，残留在瓷板上的粉末颜色。这是鉴定矿物的重要标志之一。条痕可以消除假色、减弱他色、突出自色，主要用于鉴定不透明和有鲜艳色彩的透明至半透明的矿物，尤其是硫化物、部分氧化物和自然元素矿物。

△ 雌黄

△ 雄黄

△ 辰砂

△ 黄铜矿

△ 镜铁矿

△ 辉钼矿

＊ 图中色带为对应矿物的条痕

1.3.3 透明度

矿物的透明度是矿物允许可见光透过的程度。肉眼鉴定时，一般依据矿物碎片刃边的透光程度，并配合条痕，将矿物的透明度分为透明、半透明和不透明三级。

△ 蛋白石，半透明

△ 水晶，透明

△ 斑铜矿，不透明

1.3.4 光泽

矿物的光泽是指矿物表面反射可见光的能力。根据矿物新鲜平滑的晶面、解理面或磨光面上反光能力的强弱，同时结合矿物条痕和透明度，将矿物的光泽分为金属光泽、半金属光泽、金刚光泽和玻璃光泽。此外，在矿物不平坦的表面或集合体的表面上，常形成一些特殊的光泽，如油脂光泽、树脂光泽、土状光泽、沥青光泽、蜡状光泽、丝绢光泽等。

△ 自然金，金属光泽

△ 钼铅矿，金刚光泽

△ 天青石，玻璃光泽

△ 闪锌矿，树脂光泽

△ 黑曜石，沥青光泽

△ 孔雀石和蓝铜矿，丝绢光泽

1.3.5 折射率

折射率是光束在真空中的传播速度与在介质中的传播速度之比。折射率越高，使入射光发生折射的能力越强。折射率是透明矿物重要的光学常数，可作为鉴定宝石品种的主要依据之一。

△ 闪锌矿 折射率2.37~2.43

1.3.6 发光性

有些矿物在外加能量（如紫外线、X射线等高能辐射，或打击、摩擦、加热）的激发下，能够发出可见光的性质。

● **荧光**

当外加能量停止作用后，矿物发光的持续时间小于10^{-8}秒时，这种发光现象称为荧光。

● **磷光**

当外加能量停止作用后，矿物发光的持续时间在10^{-8}秒以上时，则称为磷光。

● **如何鉴赏荧光矿物**

自然光下相貌平平的荧光矿物，在不同波段紫外光等的激发下，则会发出绚丽的荧光。

目前多通过紫外光灯展示、欣赏矿物的荧光性，常用的紫外光灯有三个规格：波长为254 nm的短波紫外光灯，波长为312 nm的中波紫外光灯，波长为351 nm或368 nm的长波紫外光灯。荧光的颜色、强度与外加能量不可见光的波长密切相关。

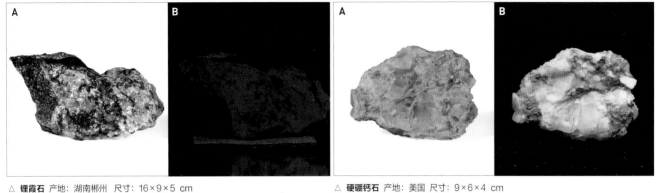

△ **锂霞石** 产地：湖南郴州 尺寸：16×9×5 cm

△ **硬硼钙石** 产地：美国 尺寸：9×6×4 cm

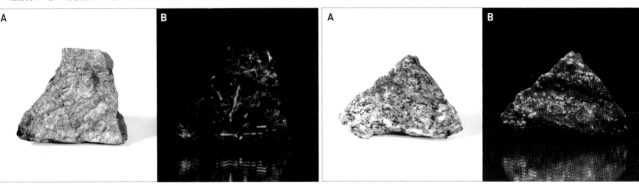

△ **斜晶石（黄）硅锌矿（绿）锌黄长石（蓝）方解石（红）**
　 产地：美国 尺寸：8×7×3 cm

△ **硅灰石（黄）方解石（红）** 产地：美国 尺寸：9×6×5 cm

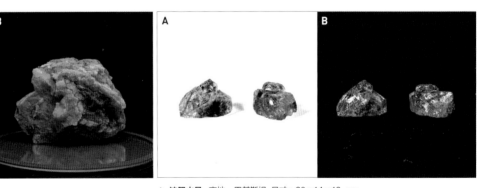

△ **玉髓（绿）方解石（红），又名西瓜玛瑙**
　 产地：美国 尺寸：9×7×5 cm

△ **油胆水晶** 产地：巴基斯坦 尺寸：20×14×10 cm

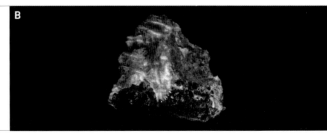

△ **水锌矿** 产地：美国 尺寸：10×10×8 cm

（本页图片A自然光下 B短波紫外光下）

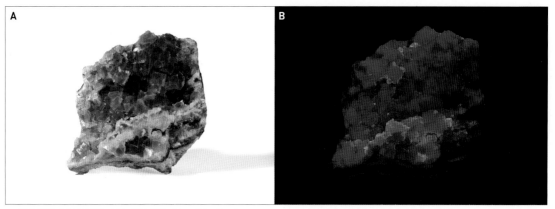

△ **萤石（蓝）方解石（红）** 产地：湖南郴州 尺寸：26×19×8 cm

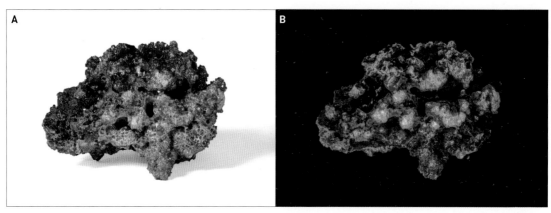

△ **红锌矿** 产地：波兰 尺寸：13×11×7 cm

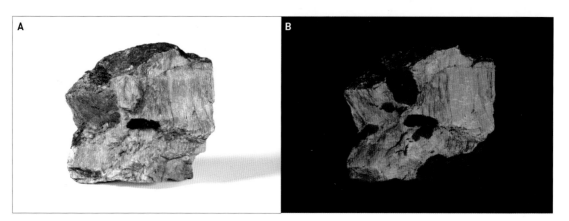

△ **氟硅钙钠石** 产地：加拿大 尺寸：13×12×9 cm

（本页图片A自然光下 B中波紫外光下）

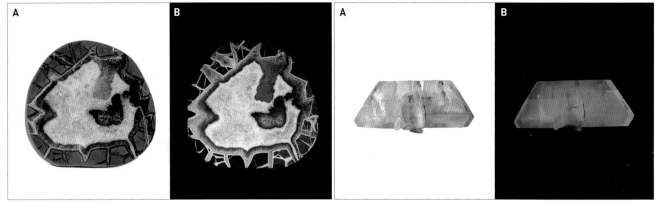

△ **文石（黄）方解石（蓝）** 产地：美国 尺寸：12×11×5 cm

△ **石膏** 产地：内蒙古 尺寸：8×3×3 cm

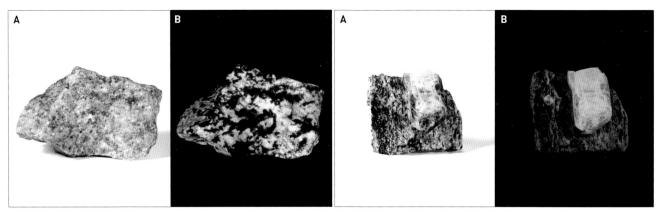

△ **方柱石** 产地：加拿大 尺寸：15×9×9 cm

△ **钠柱石** 产地：阿富汗 尺寸：5×4×3 cm

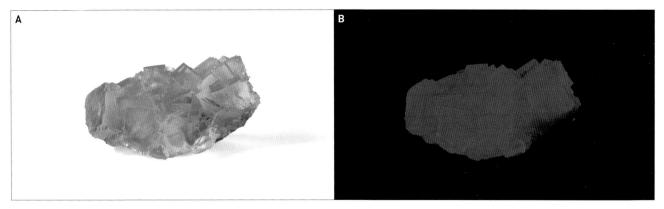

△ **萤石** 产地：湖南 尺寸：8×5×5 cm

（本页图片A自然光下 B长波紫外光下）

1.3.7 硬度

硬度是指矿物抵抗外力刻划、压入、研磨等的能力。在肉眼鉴定矿物的过程中，一般用摩氏硬度表示矿物刻划的相对硬度，数值越大硬度越大。

摩氏硬度等级	1	2	3	4	5	6	7	8	9	10
标准矿物	滑石	石膏	方解石	萤石	磷灰石	正长石	石英	黄玉	刚玉	金刚石

在实际鉴定时常用更加简便的工具，如用指甲（2.0～2.5）、小钢刀（5.0～6.0）、玻璃（5.5～6.0）等刻划来粗略地确定矿物的硬度。

1.3.8 解理

解理是指矿物晶体受应力作用超过弹性限度时，沿一定结晶方向破裂成一系列光滑平面的固有特性。按其产生的难易程度及完好性通常分为极完全解理、完全解理、中等解理、不完全解理和极不完全解理。

▽ 黄铁矿 极不完全解理

△ 黑云母 极完全解理

△ 方解石 完全解理

1.3.9 断口

断口是指矿物在受力后沿任意方向破裂而形成的各种不平整的断面。矿物的断口多根据其断面的形状来描述，常见有贝壳状断口、平坦状断口、参差状断口和锯齿状断口等。

△ 石英 贝壳状断口

▷ 高岭石 平坦状断口

1.3.10 密度与相对密度

矿物的密度是指矿物单位体积的质量，单位为g/cm^3。密度可以根据矿物的晶胞大小及其所含的分子数和相对分子质量计算得出。如方解石的密度为2.71 g/cm^3；4°C时纯净水的密度为1 g/cm^3。

矿物的相对密度是指纯净的单矿物在空气中的质量与4°C时同体积水的质量之比。

对矿物进行简易肉眼鉴定时，通常凭经验用手掂量，将矿物的相对密度分为3级：

轻的，相对密度小于2.5。如石墨（2.09～2.23）、石盐（2.1～2.2）和石膏（2.3）等。

中等的，大多数非金属矿物的相对密度在2.5～4.0之间。如石英（2.65）、萤石（3.18）、金刚石（3.52）等。

重的，相对密度大于4.0，自然金属元素矿物与硫化物矿物基本在这个范围内。如自然金（15.6～19.3）、黄铁矿（4.9～5.2）、重晶石（4.5）等。

1.4 矿物的成因

矿物是自然作用的产物，它的成因通常依据地质作用进行分类。地质作用，是指自然界引起地壳或岩石圈的物质组成、结构、构造及地表形态等不断发生变化的各种作用。矿物是化学元素在地质作用下发生运移、聚集而成的，地质作用过程不同，所形成的矿物组合也不相同。矿物形成后还会因环境的变化而发生改变或形成新的矿物。

根据作用的性质及能量来源，一般将形成矿物的地质作用分为内生作用、外生作用和变质作用。

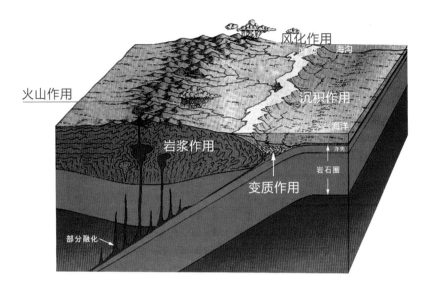

△ **成矿地质作用的概念模型**

1.4.1 内生作用

　　内生作用是指由地球内部热能所导致矿物形成的各种地质作用，主要有岩浆作用、火山作用、伟晶作用、热液作用等。

　● **岩浆作用**

　　岩浆作用是指由岩浆冷却结晶而形成矿物的作用。在岩浆作用过程中，随着温度、压力的降低，先后析出的矿物形成各种矿物组合，构成不同的岩石类型。鲍温反应系列是美国岩石学家鲍温通过实验总结出的玄武岩浆结晶规律。

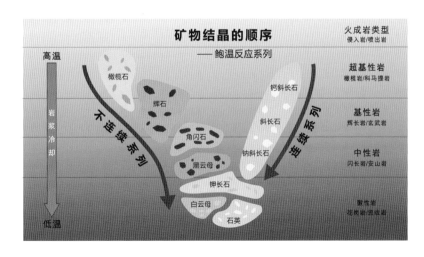

△ **鲍温反应系列**

● 火山作用

火山作用实际上是岩浆作用的一种形式，为地下深处的岩浆沿地壳脆弱带上侵至地面或喷出地表，迅速冷凝的全过程。

● 伟晶作用

伟晶作用是形成伟晶岩及其有关矿物的作用，是岩浆作用的延续。该作用常形成巨大、完整的晶体，在宝石学方面具有重要意义。形成的矿物主要有石英、长石、云母、锆石，以及刚玉、绿柱石、电气石、锂辉石等宝石级矿物。

● 热液作用

热液作用是指从气水溶液一直到热水溶液过程中形成矿物的作用。热液按其来源主要有岩浆后期热液、火山热液、变质热液和地下水热液，按温度大致分为高温、中温、低温三种类型。高温热液作用形成的矿物有黑钨矿、锡石、辉铋矿、绿柱石、电气石等，中温热液作用形成的矿物有黄铜矿、方铅矿、闪锌矿、黄铁矿、萤石等，低温热液作用形成的矿物有雌黄、雄黄、辉锑矿、辰砂、蛋白石、高岭石等。

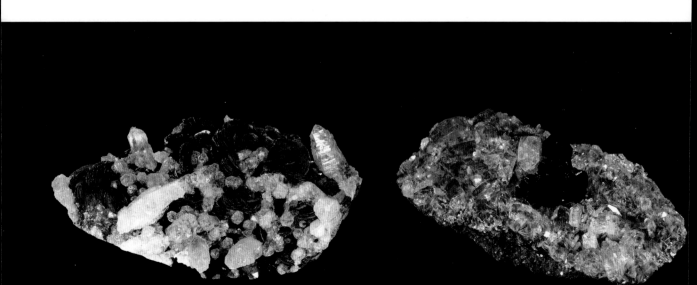

1.4.2 外生作用

外生作用是指在地表或近地表较低的温度和压力下，由太阳能、水、大气、生物等因素参与形成矿物的各种地质作用，主要有风化作用和沉积作用。

- **风化作用**

在地表或近地表环境中，由于温度变化及大气、水、生物等因素的作用，使矿物、岩石在原地遭受机械破碎，同时也可发生化学分解而使其组分转入溶液被带走或改造为新的矿物和岩石的过程。不同矿物抗风化的能力各不相同。一般地，硫化物、碳酸盐最易风化，硅酸盐、氧化物较稳定。

- **沉积作用**

地表风化产物及火山喷发物等被流水、风、冰川和生物等介质挟带，搬运至适宜的环境中沉积下来，形成新的矿物或矿物组合的作用。沉积作用主要发生在河流、湖泊及海洋中，通常形成的矿物有石膏、石盐、赤铁矿、铝土矿、软锰矿、磷灰石等。

△ 三水铝石

1.4.3 变质作用

变质作用是指在地表下较深部位，已形成的岩石由于地壳构造变动、岩浆活动及地热流变化的影响，其所处的地质及物理化学条件发生改变，使岩石在基本保持固态的情况下发生成分、结构上的变化，生成一系列变质矿物，从而形成新的岩石的作用。根据其发生的原因和物理化学条件的不同，可分为接触变质作用和区域变质作用。

● **接触变质作用**

由岩浆活动引起的发生于地下较浅深度（2～3千米）的岩浆侵入体与围岩接触带上的一种变质作用。接触变质作用使接触带附近的岩石发生成分、结构和构造的变化，常形成的矿物有红柱石、堇青石、尖晶石、钙铝石榴子石、硅灰石等，且常伴有铁、铜、钨、钼等多金属矿床的形成。

● **区域变质作用**

由区域构造运动而引起大面积范围内发生的变质作用，是温度、压力、应力及以水和二氧化碳为主的化学活动性流体等变化作用的结果。该作用常形成的矿物有透辉石、钙铁辉石、蓝晶石、夕线石、红柱石等。

△ **绿帘石与水晶**

△ **石榴子石**

△ 硅灰石

▷ 蓝晶石

▽ 石榴子石

魅力天成

——矿物的自然之美

矿物，

聚天地之精华，凝山川之灵气。

奇特的形态、斑斓的色彩、耀眼的光泽，

是来自大自然对美最诗意的表达。

魅力天成——矿物的自然之美

　　矿物种类繁多、应用广泛，诸多学科领域的科学家都提出过不同的分类方案，但以矿物的化学成分和晶体结构为依据的晶体化学分类体系是目前普遍采用的分类方案。晶体化学分类法将矿物分为自然元素、硫化物及其类似化合物、氧化物和氢氧化物、含氧盐以及卤化物五个大类。

2.1 自然元素矿物

　　自然元素矿物是指自然界中元素呈单质状态组成的矿物，约占地壳总质量的0.1%。根据元素的化学性质不同可进一步划分为3类：

　　自然金属元素矿物：自然铂（Pt）、自然金（Au）、自然银（Ag）、自然铜（Cu）等。

　　自然半金属元素矿物：自然铋（Bi）、自然砷（As）等。

　　自然非金属元素矿物：自然硫（S）、金刚石（C）、石墨（C）等。

2.1.1 自然金

　　自然金（gold），化学式为Au，是自然形成的金元素矿物，纯金很少见，常含银或少量的铜、铂等元素。等轴晶系；晶体呈立方体、八面体，极少见；集合体呈不规则粒状、树枝状、鳞片状等，偶见较大的团块状集合体。颜色和条痕均为明亮的金黄色，但随含银量增加颜色变浅。强金属光泽，无解理，锯齿状断口，摩氏硬度2.5～3.0，相对密度15.6～18.3（纯金19.3）。具强延展性，可以锤成金箔或抽成细丝，如1克黄金可拉成长达2千米的金丝，或碾压成厚仅十万分之一毫米的金箔。自然金是热和电的良导体，化学性质稳定，不溶于酸，只溶于王水。

　　金矿可分原生矿和砂矿两种。原生金矿常产于与中、酸性岩浆岩有关的高、中温热液作用和热液蚀变带中，常与黄铁矿、黄铜矿、毒砂等共生。砂金矿为次生搬运沉积聚集而成。除作为黄金储备、货币、首饰等，金在电子、通信、航空航天、化工等领域也应用广泛。

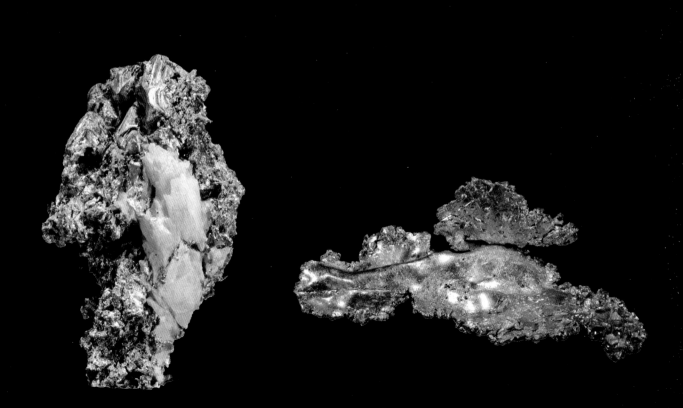

△ 自然金　　　　　　　　　　　　　　　　　　　　△ 自然金

2.1.2 自然银

自然银（silver），化学式为Ag，是自然产出的银元素矿物，常含金、汞等元素。等轴晶系；晶体呈立方体、八面体或两者的聚形，但极为少见；多呈不规则薄片状、粒状、块状和树枝状、丝状集合体。颜色银白色，暴露于空气中易氧化呈灰黑色锈色；条痕银白色。金属光泽，不透明，无解理，断口呈锯齿状、刺状，摩氏硬度2.0～3.0，相对密度10.1～11.1。具强延展性，为电和热的良导体。

自然银主要产于中、低温热液矿床，如铅锌硫化物或碳酸岩脉矿床，与钴镍砷化物、银的硫盐矿物、自然铋、沥青铀矿等共生；外生成因的自然银见于含银的硫化矿床氧化带下部。

自然银为提取金属银的原料之一，但不是其主要来源，常用的银主要是从辉银矿等含银矿物中提炼而来；银常作为货币、贵重的装饰品、照相材料，或用于制作合金、银箔、电路上的接触点、银焊剂、蓄电池、制镜工业等。

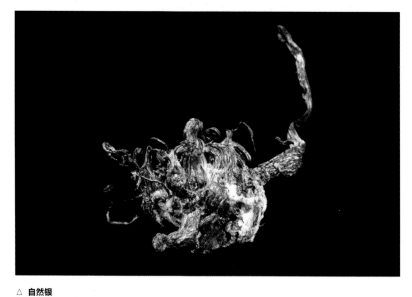

△ **自然银**
　产地：山西灵丘 尺寸：8×6×5 cm

▷ **自然银**
产地：摩洛哥　尺寸：9×8×15 cm

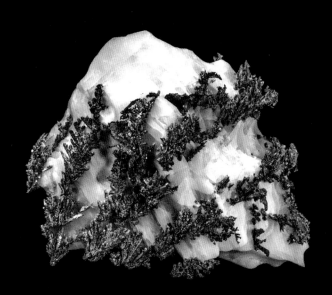

◁ **自然银**
产地：山西灵丘　尺寸：7×6×5 cm

2.1.3 自然铜

自然铜（copper），化学式为Cu，原生自然铜常含有微量的铁、银和金等混入物，而次生自然铜的成分较纯净。等轴晶系；完好的晶体少见，偶见立方体、八面体或菱形十二面体等单晶；常呈不规则板状、块状、树枝状、薄片状、粒状集合体。新鲜面与条痕都呈铜红色，通常由于氧化呈棕黑色或绿色。金属光泽，不透明，无解理，锯齿状断口，摩氏硬度2.5～3.0，相对密度8.50～8.95。具延展性，是电和热的良导体，易溶于稀硝酸溶液。

自然铜形成于原生热液矿床，也见于含铜硫化物矿床氧化带内，由铜的硫化物还原而成，常与赤铁矿、蓝铜矿、孔雀石、辉铜矿等伴生；在热液蚀变的基性岩浆岩中也有产出；有时呈交代砂砾岩胶结物出现在含铜砂岩中。

自然铜大量富集时可作为铜矿石开采。金属铜为紫红色，延展性、导热性、导电性良好，铜及其合金广泛用于电器、车辆、船舶工业和民用器具等。

▷ **自然铜**
产地：江西九江 尺寸：11×10×18 cm

2.1.4 金刚石

金刚石（diamond），化学式为C，可含有氮、硼、硅、铝、钛等元素。等轴晶系；晶体呈八面体、菱形十二面体、立方体、四六面体及其聚形；自然界中的金刚石大多数呈圆粒状或碎粒的单晶产出，由于熔蚀作用常见，晶体呈浑圆状，晶面弯曲，并出现蚀像。颜色无色透明，或带黄、蓝、绿、褐、黑等色。金刚光泽，断口呈油脂光泽；中等解理；摩氏硬度10，是硬度最大的矿物（绝对硬度是石英的1000倍、刚玉的150倍）；相对密度3.52。在紫外光的照射下，发紫、蓝、绿色荧光。性脆，怕重击；具强色散性；导热性良好；熔点高，化学性质极稳定。

原生金刚石是在地下深处高温高压条件下由岩浆分异作用形成的，主要储存于超基性的金伯利岩（角砾云母橄榄岩）、钾镁煌斑岩、高级变质岩榴辉岩中；含矿母岩遭受风化后，可富集成金刚石砂矿。

金刚石具有很高的经济价值，根据其用途可分为宝石级金刚石和工业级金刚石。由金刚石加工的钻石，位列名贵宝石之首。金刚石的特性也使它在许多工业领域发挥重要作用，如用作精细研磨材料、仪表轴承、高硬切割工具、各类钻头、拉丝模以及精密仪器的部件等。

▽ **金刚石**
产地：山东郯城 338.6克拉
（山东省天宇自然博物馆藏）

✳ 小知识｜钻石与金刚石

钻石是指达到宝石级别、经过人工琢磨的金刚石，而金刚石是一种天然矿物，是钻石的原石。

鉴定评价钻石品质的标准主要有四个维度，通常称为"4C标准"，即重量（carat，克拉）、净度（clarity）、颜色（color）和切工（cut）。

2.1.5 石墨

石墨（graphite），化学式为C，常含10%～20%的杂质，如钙、镁、铜、磷、硅等的氧化物以及沥青、黏土等。六方晶系；单晶体呈六方片状或板状，完整的极少见；集合体多呈鳞片状、块状、土状。颜色铁黑色至钢灰色，条痕为黑色。半金属光泽，不透明，极完全解理，摩氏硬度1.0～2.0，相对密度2.09～2.23。质软，有滑腻感，易污手，解理片具挠性。具有良好的导电性，耐高温。化学稳定性强，不溶于酸。

石墨是高温变质作用的产物。最常见于大理岩、片岩或片麻岩中，由富含有机质或碳质的沉积岩经区域变质作用形成；或岩浆侵入接触石灰岩后，石灰岩分解出二氧化碳，还原而成石墨。少量石墨是岩浆岩的原生矿物。石墨也是陨石中的常见矿物，通常呈团块状。

石墨的用途很广。由于具有耐高温、导电、耐腐蚀等性能，石墨广泛应用于冶金、电气、机械、石油化工、核电、国防等工业领域，并用于制造铅笔、墨汁、黑漆、油墨和人造金刚石、钻石等。随着现代科学技术和工业的发展，石墨的应用领域还在不断拓宽，已成为高科技领域中新型复合材料的重要原料，如石墨烯材料。

▷ **石墨**
尺寸：11×10×3 cm

金刚石和石墨的化学成分都是碳（C），二者为"同素异形体"。从这种称呼可以知道它们具有相同的"质"，但"形"或"性"却不同，有着天壤之别。金刚石是自然界最硬的矿物，而石墨却是较软的矿物。目前已经可以用石墨合成出金刚石，但一般颗粒很细，80%的人造金刚石主要是用作磨料、钻头等工业用途。

2.1.6 自然硫

自然硫（sulphur），主要指斜方晶系的α-硫，分子式为α-S，常夹杂有泥质、有机质等混入物。晶体常呈斜方双锥状或厚板状，集合体呈粒状、球状、条带状、致密块状、钟乳状等。颜色为带有不同色调的黄色，条痕白色至淡黄色。晶面呈金刚光泽，断口呈油脂光泽；透明至半透明；不完全解理；贝壳状断口；摩氏硬度1.0～2.0；相对密度2.05～2.08。性极脆，不导电，摩擦带负电荷，受热易碎。

自然硫可由火山喷发硫蒸汽直接凝华结晶而成，或由硫酸盐类矿床经生物化学作用（硫细菌作用）生成，也可由金属硫化物或硫酸盐氧化分解而成，常与石膏、方解石、天青石等伴生。

自然硫是化学工业的基本原料，主要用来制造硫酸以及应用于造纸、纺织、橡胶、炸药、农用化肥等领域。

△ **自然硫**
产地：印度尼西亚 尺寸：12×9×13 cm

△ **自然硫**
产地：山东即墨 尺寸：21×15×10 cm

2.2 硫化物及其类似化合物矿物

硫化物及其类似化合物是金属元素与硫（S）、砷（As）、碲（Te）、硒（Se）、锑（Sb）、铋（Bi）等相互发生化合反应而成的化合物，是工业上有色金属和稀有分散元素矿产的重要来源。

2.2.1 方铅矿

方铅矿（galena），化学式为PbS，常含银、铜、锌、硒等，属等轴晶系的硫化物矿物。晶体形态呈立方体、八面体、菱形十二面体或立方体与八面体的聚形，集合体通常呈粒状、致密块状等。颜色铅灰色，条痕灰黑色。金属光泽，不透明，完全解理，摩氏硬度2.0～3.0，相对密度7.4～7.6。晶体具弱导电性和良好的检波性。

方铅矿主要形成于中温热液矿床中，常与闪锌矿共生，形成铅锌硫化物矿床，其他共生矿物包括黄铜矿、黄铁矿、石英、方解石、重晶石等；也可形成于接触交代矿床中，与磁铁矿、黄铁矿、磁黄铁矿、黄铜矿、闪锌矿等共生。方铅矿在氧化带中不稳定，易转变为铅矾、白铅矿、钒铅矿等次生矿物。

方铅矿是提取铅、制造铅合金的主要矿物原料，当含银时也是提取银的重要矿物，主要用于冶金、电工、国防等工业领域。晶体可用作检波器。

▷ **方铅矿**
尺寸：7.0×7.0×5.5 cm

△ **方铅矿**
产地: 江西 尺寸: 21×18×6 cm
乳白色白云石覆盖在黑色立方体方铅矿上

2.2.2 闪锌矿

闪锌矿（sphalerite），化学式为ZnS，常含铁、锰、银等类质同像混入物，属等轴晶系的硫化物矿物。晶体形态呈四面体、立方体或菱形十二面体，通常呈粒状、肾状、葡萄状集合体产出。随着含铁量的增加而颜色变深，由浅黄、黄褐、棕直至黑色；条痕由白色至褐色。光泽由金刚光泽、树脂光泽至半金属光泽，透明至半透明，完全解理，贝壳状断口，摩氏硬度3.5～4.0，相对密度3.9～4.2。随铁含量的增高，硬度增大，但相对密度降低。

闪锌矿是分布最广的锌矿物，主要形成于高、中温热液矿床与接触交代矿床，常与方铅矿共生。在地表易风化为菱锌矿等次生矿物。

闪锌矿是提取锌最重要的矿石矿物，主要用于镀锌、制造锌合金，应用于汽车、建筑、电气设备、家用电器等领域。因常含锰、镉、铟、铊、镓、锗等稀有元素，可综合利用。良好的闪锌矿单晶可用作紫外半导体激光材料。

▷ **闪锌矿**
产地：湖南衡阳 尺寸：13×16×19 cm
红色透明闪锌矿与白色石英、方解石共生

2.2.3 黄铜矿

黄铜矿（chalcopyrite），化学式为$CuFeS_2$，常含微量的金、银等元素，属四方晶系的硫化物矿物。晶体呈四方四面体、四方双锥，相对少见；多呈不规则粒状或致密块状集合体，也有肾状、葡萄状集合体。颜色为黄铜黄色，表面常有暗黄或蓝、紫褐色的斑状锖色；条痕为微带绿的黑色。金属光泽，不透明，解理不发育，摩氏硬度3.0～4.0，相对密度4.1～4.3。性脆，具导电性。

黄铜矿分布较广，可形成于多种环境，主要有岩浆作用、接触交代作用、成矿热液作用，共生矿物有黄铁矿、磁铁矿、方铅矿、闪锌矿、斑铜矿、辉钼矿、磁黄铁矿、辉铜矿、方解石、石英、长石等。黄铜矿在地表风化条件下经过氧化后形成孔雀石、蓝铜矿或褐铁矿铁帽；在含铜硫化物的次生富集带中则转变为斑铜矿、辉铜矿、铜蓝，可作为找矿标志。黄铜矿为重要的铜矿石矿物，是提取铜、制造铜合金的矿物原料。

◁ **黄铜矿**
产地：山东招远 尺寸：6×5×5 cm

2.2.4 斑铜矿

斑铜矿（bornit），化学式为Cu_5FeS_4，常含有黄铜矿、辉铜矿的显微包裹体，属等轴晶系的硫化物矿物。单晶体极少见，多呈致密块状或粒状集合体。新鲜断面呈暗铜红色，表面易氧化而呈紫蓝斑杂的锖色，因此得名；条痕灰黑色。金属光泽，不透明，摩氏硬度3，相对密度4.9～5.1。性脆，具导电性。

斑铜矿广泛分布在许多铜矿床中，主要为热液成因，与黄铜矿共生；还见于某些接触变质的夕卡岩矿床中和铜—镍硫化物矿床的次生硫化物富集带中；也可在表生环境下形成，是许多铜矿床的组成矿物之一。在地表易氧化分解成辉铜矿、孔雀石、蓝铜矿、褐铁矿和赤铜矿等。

斑铜矿是工业上提炼铜的重要矿物原料。在宝石学领域，一些具锖色的斑铜矿块体(＞1.5　cm)可被琢磨成弧面型宝石，但硬度较低。

△ 斑铜矿
产地：吉林 尺寸：10.0×9.0×6.5 cm

△ 斑铜矿
产地：山东威海 尺寸：9.5×7.0×6.0 cm

2.2.5 辉铜矿

辉铜矿（chalcocite），化学式为Cu_2S，常含银、铁、镍等混入物，属斜方晶系的硫化物矿物。单晶体极少见，为假六方形的短柱状或厚板状，通常呈致密块状、粉末状（烟灰状）集合体。新鲜面铅灰色，风化后表面黑色，常带锖色；条痕暗灰色至黑色。金属光泽，不透明，无解理，贝壳状断口，摩氏硬度2.5～3.0，相对密度5.5～5.8。略具延展性，是电的良导体。

内生成因的辉铜矿常见于热液成因的铜矿床中，是构成富铜贫硫矿石的主要成分，常与斑铜矿共生；外生成因的辉铜矿则常见于含铜硫化物矿床氧化带下部，为原生硫化物的次生矿物。辉铜矿在地表环境下不稳定，易分解为铜的氧化物（赤铜矿）和碳酸盐（孔雀石、蓝铜矿），而在不完全氧化时可转变为自然铜。

辉铜矿是含铜比率最高的铜的硫化物，是提取铜、制造铜合金的重要矿石矿物。

△ **辉铜矿**
产地：湖北大冶 尺寸：10×8×4 cm
辉铜矿与浅橘色方解石伴生

2.2.6 辰砂

辰砂（cinnabar），又称朱砂、丹砂，化学式为HgS，属三方晶系的硫化物矿物。晶体常呈细小菱面体、厚板状或短柱状，常见矛头状穿插双晶；集合体呈粒状、块状、被膜状或粉末状。鲜红色，表面可带有铅灰锖色；条痕红色。金刚光泽，半透明，完全解理，摩氏硬度2.0～2.5，相对密度8.05～8.20。性脆，易碎裂成片状。

辰砂是分布最广的汞矿物，是典型的低温热液产物，可作为标型矿物，常与辉锑矿、雄黄、雌黄、黄铁矿、石英、方解石等共生；也可形成砂矿。

辰砂是提炼汞的主要矿物原料。因其色鲜红，也可作颜料。单晶可作激光调制晶体，为目前激光技术的关键材料。大而完好的晶体还具有极高的观赏及收藏价值。

✳ **小知识｜标型矿物**

只在某种特定的地质作用中形成的矿物。如辰砂、辉锑矿只形成于低温热液矿床中，蓝闪石是低温高压变质带的特征矿物等。

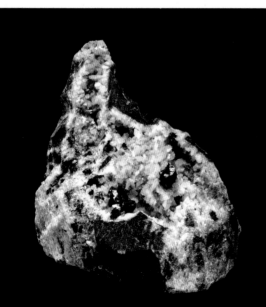

△ **辰砂**
产地：湖南凤凰 尺寸：11×11×13 cm
矛头状红色辰砂与白色白云石共生

△ **辰砂**
尺寸：8.0×4.5×4.0 cm 矛头状红色辰砂与白色水晶共生

2.2.7 辉锑矿

辉锑矿（stibnite），化学式为Sb_2S_3，属斜方晶系的硫化物矿物。晶体常见，形态特征鲜明，单晶呈具有锥面的长柱状或针状，柱面具明显的纵纹；常见柱状、针状、放射状、粒状集合体。铅灰色或钢灰色，晶面常有蓝色的锖色；条痕黑色。金属光泽，不透明，有单一方向的完全解理，摩氏硬度2.0～2.5，相对密度4.52～4.66。性脆；易熔，熔点约525℃，蜡烛加热即可熔化。

辉锑矿主要产于低温热液矿床，常与辰砂、雄黄、石英、萤石、重晶石等共生。在地表氧化带易分解为黄锑矿、锑华等次生矿物。

辉锑矿是提炼锑、制造锑合金的主要矿物原料，主要用于冶金、国防、纺织、玻璃工业及制造颜料等。晶体大或呈美观的晶簇状者，具有较高的观赏和收藏价值。

△ **辉锑矿**
产地：湖南冷水江 尺寸：24×12×14 cm

2.2.8 辉铋矿

辉铋矿（bismuthinite），化学式为Bi_2S_3，斜方晶系的硫化物矿物。晶体呈长柱状或针状、毛发状，晶面大多具纵纹；集合体呈放射状、粒状或致密块状。颜色为微带铅灰的锡白色，表面常有黄色或斑状锖色；条痕铅灰色。金属光泽，不透明，完全解理，摩氏硬度2.0～2.5，相对密度6.4～6.8。

辉铋矿是已知分布最广的铋矿物，主要产于高、中温热液和接触交代矿床，很少独立形成矿床，常呈充填脉状，与黑钨矿、辉钼矿、锡石、黄玉、毒砂、黄铁矿等共生。辉铋矿在地表易风化成铋的氧化物或碳酸盐，如铋华、泡铋矿。

辉铋矿是提炼铋的重要矿石矿物，主要用来制作易熔合金，应用于消防和电气工业的自动灭火系统、电器保险丝、焊锡等，也用于生产特种玻璃、化学制剂等领域。

△ **辉铋矿**
产地：内蒙古赤峰 尺寸：20×16×6 cm
黑色毛发状辉铋矿覆盖在黄色片状菱铁矿上

2.2.9 雌黄

雌黄（orpiment），化学式为As_2S_3，属单斜晶系的硫化物矿物。晶体呈短柱状、板状、片状、粒状；集合体呈片状、梳状、土状、放射状、肾状、球状、皮壳状等。柠檬黄色，条痕鲜黄色。油脂光泽至金刚光泽，解理面呈珍珠光泽；透明；极完全解理；摩氏硬度1.5～2.0；相对密度3.4～3.5。有剧毒，薄片具挠性，性脆易碎。灼烧时熔融，产生青白色带强烈蒜臭味的烟雾。

雌黄见于低温热液矿床，为标型矿物，与雄黄密切共生，有"鸳鸯矿物"之称；其他共生矿物有辰砂、辉锑矿、白铁矿、石英、文石、石膏等；也见于火山喷发含硫质的喷气孔中，与自然硫等共生。

雌黄是提取砷、制造砷化合物的主要矿物原料。砷主要用于半导体和制革工业，砷化合物用于农药、除草剂、防腐剂、染料等。雌黄也用作绘画颜料。

▷ **雌黄**
产地：湖南石门 尺寸：14×14×18 cm
针状雌黄覆盖于方解石表面

2.2.10 雄黄

雄黄（realgar），又称作石黄、黄金石、鸡冠石，化学式为 As_4S_4，属单斜晶系的硫化物矿物。单晶体呈细小柱状、短柱状或针状，通常为致密块状、土状、皮壳状集合体。橘红色，条痕呈浅橘红色。金刚光泽，断口为树脂光泽；透明至半透明；完全解理；摩氏硬度1.5～2.0；相对密度3.5～3.6。有剧毒，性脆，熔点低。

雄黄的形成条件与雌黄相似，主要见于低温热液矿床中，亦见于温泉沉积物和含硫质喷气孔的沉积物中，常与雌黄、辉锑矿、辰砂共生。长期受光照会转变为黄色的雌黄和砷华；加热到特定温度后可被氧化为剧毒的三氧化二砷，即砒霜。

雄黄主要用于提取砷、制造砷酸和砷化合物，如砷酸钙、砷酸钠、砷酸铅等，也用于农药、颜料、玻璃等工业。

△ 雄黄
产地：湖南石门 尺寸：28×37×20 cm

2.2.11 辉钼矿

辉钼矿（molybdenite），化学式为MoS_2，属六方晶系的硫化物矿物。晶体呈六方板状、片状，通常呈片状、鳞片状、细小颗粒状集合体。颜色铅灰色，条痕亮铅灰色。金属光泽；不透明；极完全解理；摩氏硬度1.0～1.5，质软，能在纸上划出条痕；相对密度4.7～5.0。薄片具挠性，有滑腻感。

辉钼矿是自然界分布最广的钼矿物，主要产于高、中温热液矿床及夕卡岩型矿床中，与锡石、黑钨矿、辉铋矿、毒砂、石榴子石、透辉石、绿帘石、白钨矿等共生。在地表易风化成钼钙矿或黄色粉末状钼华。

辉钼矿中常含铼，是提取钼和铼的重要矿物原料，用于制造钼合金、钼酸、钼酸盐和其他钼的化合物，应用于冶金、电子、电气、化工、染料等行业；当含铂族元素（锇、钯等）较多时可综合利用。

◁ **辉钼矿**
产地：江西 尺寸：24×30×16 cm

2.2.12 黄铁矿

黄铁矿（pyrite），又称硫铁矿、愚人金，化学式为$Fe[S_2]$，属等轴晶系的硫化物矿物。常见完好的晶形，呈立方体、五角十二面体、八面体，晶面上常见三组互相垂直的条纹；集合体呈致密块状、粒状、浸染状或结核状等。颜色浅铜黄色，表面常具黄褐色锖色；条痕绿黑色。强金属光泽；不透明；无解理；参差状断口；摩氏硬度较大，达6.0～6.5，小刀刻不动；相对密度4.9～5.2。性脆。

黄铁矿是地壳中分布最广的硫化物，主要形成于各种接触交代矿床和热液型矿床中，与其他硫化物、氧化物、石英等共生；也可形成于沉积岩、沉积矿床和煤系地层中，呈团块状、结核状或透镜体产出。在变质岩中，黄铁矿往往是变质作用的新生产物。在地表氧化条件下不稳定，黄铁矿易分解而形成各种铁的氢氧化物和硫酸盐，如针铁矿、褐铁矿等。

黄铁矿是提取硫黄、制造硫酸的主要矿物原料；含金、银、钴、镍等较高时可综合利用；在自然界中因分布有更好的铁矿石，故一般黄铁矿不用于提炼铁。

✳ 小知识 | 识别愚人金与自然金

黄铁矿因其浅铜黄色的颜色和强金属光泽，常被误认为是自然金，故又被称为"愚人金"。其实识别两者很简单，只要在不带釉的白瓷板上一划，看划出的条痕（即留在白瓷板上的粉末），便能一目了然，真假分明。自然金的条痕是金黄色的，黄铁矿的条痕是绿黑色的。另外，手感特别重的是自然金，因为自然金的相对密度是15.6～18.3，而黄铁矿只有4.9～5.2。

△ **黄铁矿**
产地：云南巧家 尺寸：11×12×5 cm
五角十二面体黄铁矿与白色水晶共生

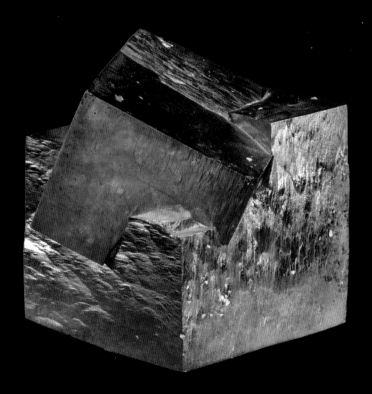

△ **黄铁矿**
产地：湖北大冶 尺寸：7×7×8 cm
立方体黄铁矿呈穿插双晶

2.2.13 白铁矿

白铁矿（marcasite），化学式为$Fe[S_2]$，成分与黄铁矿相同，二者互为同质多像变体，属斜方晶系的硫化物矿物。单晶体呈板状、双锥状、矛头状，常形成鸡冠状复合双晶；集合体呈结核状、肾状、钟乳状、皮壳状等。颜色浅黄铜色，微带浅灰或浅绿色调，新鲜面呈锡白色；条痕暗灰绿色。金属光泽，不透明，无解理，参差状断口，摩氏硬度为5.0～6.5，相对密度4.05～4.90。性脆，具弱导电性。

白铁矿在自然界的分布远不如黄铁矿广泛，一般也不形成大型矿床。内生成因者主要形成于晚期热液阶段；外生成因者见于泥质、泥沙质或含碳质地层中，呈结核状产出。白铁矿是$Fe[S_2]$的不稳定变体，高于350°C即转变为黄铁矿。在地表氧化带易分解为铁的硫酸盐和氢氧化物。

白铁矿与黄铁矿同为提取硫黄、制造硫酸的矿物原料。

◁ **白铁矿**
产地：湖北大冶 尺寸：26×50×18 cm
深色白铁矿与白色方解石、黄色白云石共生

2.2.14 毒砂

毒砂（arsenopyrite），也称砷黄铁矿，化学式为Fe[AsS]，属单斜晶系的硫化物矿物。单晶体呈柱状、斜方柱状，柱面常见纵纹，常形成穿插双晶；集合体为粒状或致密块状。颜色锡白色至钢灰色，常带有浅黄的锖色；条痕灰黑色。金属光泽，不透明，不完全解理，摩氏硬度5.5～6.0，相对密度5.9～6.3。性脆，导电性良好。锤击或灼烧时发出蒜臭味，灼烧后有磁性。

毒砂形成的温度范围很宽，广泛出现于金属矿床中，但以高、中温热液矿床中更常见。在地表氧化环境中易分解为浅黄或浅绿色土状的臭葱石（Fe[AsO$_4$]·2H$_2$O）。

毒砂是提炼砷和制造砷化合物的主要矿石矿物，广泛应用于农业（杀虫）、制革、木材防腐、玻璃、冶金、颜料等方面。含钴较高者称为钴毒砂，可作为提取钴的矿物原料。毒砂在古代还是制取砒霜的主要原料。

△ **毒砂**
产地：内蒙古赤峰 尺寸：22×14×13 cm

2.2.15 车轮矿

车轮矿（bournonite），化学式为$CuPbSbS_3$，属斜方晶系的硫化物矿物。晶体较少见，呈短柱状、板状，其环状双晶常呈车轮状，因此而得名；集合体呈不规则粒状或块状。颜色为钢灰色至铁黑色，常带烟褐锈色；条痕灰黑色。金属光泽，不透明，不完全解理，摩氏硬度2.5～3.0，相对密度5.7～5.9。性脆，不导电。

车轮矿广泛分布于中低温热液矿床中，但数量不大，主要产于铅锌和多金属矿床中，常与方铅矿、黝铜矿、硫锑铅矿、水晶等共生。在地表氧化环境中，易分解为铜、铅、锑的次生矿物，如孔雀石、白铅矿和氧化锑等。

车轮矿富集时可作为提取铅和铜的矿物原料；因其晶体稀有，具有较高观赏和收藏研究价值。

▷ **车轮矿**
产地：湖南郴州
尺寸：6.0×5.5×3.5 cm

2.2.16 黝锡矿

黝锡矿（stannite），也称黄锡矿，化学式为Cu_2FeSnS_4，属四方晶系的硫化物矿物。单晶体呈四方四面体，很少见；通常为块状、粒状、浸染状集合体。颜色为微带橄榄绿色的钢灰色，含黄铜矿包裹体较多时呈灰黄色；条痕黑色。金属光泽，不透明，摩氏硬度3.0~4.0，相对密度4.3~4.5。性脆。

黝锡矿为典型的热液成因矿物，主要产于高温钨锡矿床、锡石硫化物矿床和高中温多金属矿床中，常与铜铅锌的硫化物共生。在氧化带易分解为锡石或锡的氢氧化物。

黝锡矿是含锡矿石中除锡石外分布最广的矿物，主要用来提炼锡和铜。

△ **黝锡矿**
产地：湖南郴州 尺寸：8×7×7 cm
黑色黝锡矿与黄色白云石、白色水晶及黑钨矿共生

△ 黝锡矿
产地：湖南郴州 尺寸：13×17×27 cm
黑色黝锡矿与黄色白云石、白色大晶体水晶共生

2.2.17 黝铜矿

黝铜矿（tetrahedrite），化学式为$Cu_{12}(Sb,As)_4S_{13}$，属等轴晶系的硫盐矿物。晶体常呈四面体外形，常呈致密块状、粒状或细脉状集合体。颜色、条痕都是钢灰至铁黑色，金属至半金属光泽，不透明，无解理，贝壳状断口，摩氏硬度3.0～4.5，相对密度4.6～5.4。性脆。

黝铜矿是各种热液型矿床中的常见矿物，最常见于中温热液矿床和铅锌矿床中，与黄铜矿、闪锌矿、方铅矿等共生；也产于钨锡矿床与金矿床中。在氧化带易分解为铜、锑、砷的次生矿物，如孔雀石、铜蓝等。

黝铜矿虽然是分布最广的一种硫盐矿物，但数量一般不大，通常与伴生的其他铜矿物一起作为铜矿石利用，也可以综合利用其中的砷、银等成分。

△ **黝铜矿**
产地：云南 尺寸：10×8×9 cm
黑色黝铜矿与片状菱铁矿及黄铜矿共生

2.3 氧化物和氢氧化物矿物

氧化物和氢氧化物矿物是由金属阳离子或某些非金属阳离子（如Si等），与氧离子（O^{2-}）或氢氧根（OH^-）形成的化合物。本大类矿物占地壳总质量的17%左右，其中石英族矿物就占了12.6%，而铁的氧化物和氢氧化物占3.9%。

2.3.1 刚玉

刚玉（corundum），化学式为Al_2O_3，常有铬、钛、铁、锰、钒等混入物，并含金红石、钛铁矿、赤铁矿等包裹体，属三方晶系的氧化物矿物。晶体通常呈腰鼓状、柱状、板状、片状，集合体呈粒状、致密块状。纯净的刚玉是无色的，通常为灰色、黄灰色，因含有不同的微量元素而呈现不同颜色；条痕白色。玻璃光泽；透明至不透明；无解理；贝壳状断口；摩氏硬度9，仅次于金刚石；相对密度3.95～4.10。

刚玉主要与岩浆作用、接触变质及区域变质作用有关。在岩浆作用中，形成于富铝贫硅的岩浆岩和伟晶岩中，与长石、尖晶石等共生；在变质作用中，产于片麻岩，与夕卡岩、磁铁矿、白云母等共生；在接触交代作用中，产于岩浆岩与石灰岩的接触带中，与方解石、绿帘石、磁铁矿等共生；也见于砂矿中。

主要利用刚玉的高硬度作为高级研磨材料、精密机械的轴承材料。色彩绚丽的晶体是重要的高档宝石材料，如红宝石、蓝宝石。作为激光发射材料的红宝石一般是人工合成晶体。

▽ **刚玉**
产地：刚果 尺寸：40×24×15 cm
红色刚玉与绿帘石共生

◁ **刚玉和黝帘石**
产地：莫桑比克 尺寸：20×25×15 cm
红色刚玉与黝帘石共生，也称红绿宝石

2.3.2 赤铁矿

赤铁矿（hematite），化学式为$\alpha\text{-}Fe_2O_3$，属三方晶系的氧化物矿物，与磁赤铁矿（$\gamma\text{-}Fe_2O_3$）成同质多像。完好晶体较少见，常呈板状，可形成穿插双晶或接触双晶；通常为片状、鳞片状、粒状、肾状、鲕状、块状或土状集合体。颜色呈褐红色、钢灰至铁黑色；条痕樱红色。金属至半金属光泽或土状光泽，不透明，无解理，摩氏硬度5.5～6.0，相对密度5.0～5.3。性脆。

赤铁矿是自然界广泛分布的铁矿物之一，可形成于各种地质作用中，但以热液作用、沉积作用和沉积变质作用为主。在氧化带里，赤铁矿可由褐铁矿（纤铁矿、针铁矿）经脱水作用形成；但也可以变成针铁矿和水赤铁矿等。在还原条件下，赤铁矿可转变为磁铁矿，形成假象磁铁矿。

赤铁矿是重要的铁矿石矿物。粉末状的赤铁矿还被用作颜料和磨料。

赤铁矿根据形态等特征，又有如下一些名称：具金属光泽的玫瑰花状或片状集合体者，称为镜铁矿；具金属光泽的细鳞片状集合体者，称为云母赤铁矿；呈鲕状或肾状者称鲕状或肾状赤铁矿；呈褐红色粉末状而光泽暗淡者称为铁赭石。

◁ **镜铁矿**
产地：广东龙川 尺寸：35×24×18 cm
黑色玫瑰花状镜铁矿与红色水晶共生

△ 镜铁矿
产地：广东龙川 尺寸：22×16×12 cm
黑色玫瑰花状镜铁矿与水晶共生

2.3.3 金红石

金红石（rutile），化学式为TiO_2，属四方晶系的氧化物矿物。晶体常见完好的四方柱状、针状、四方双锥状等，有时在水晶中呈针状、纤维状包裹体，双晶常形成膝状双晶和三连晶；集合体呈致密块状。颜色常见暗红、褐红色，黄、橘黄色少见，含铁者呈黑色；条痕浅黄色至浅褐色。金刚光泽，微透明，中等解理，摩氏硬度6.0～6.5，相对密度4.2～4.3。性脆。

金红石形成于高温条件下，主要产于变质岩系的含金红石石英脉中和伟晶岩脉中。在岩浆岩中作为副矿物出现，也常呈粒状见于片麻岩中。由于其化学性质稳定，在岩石风化后常转入砂矿。

金红石是提炼钛、生产钛合金的重要矿物原料，也是生产优质电焊条和高级白色颜料钛白粉的原料，广泛应用于军工、航空、机械、化工、玻璃、陶瓷等方面。

▽ **金红石**
产地：巴西 尺寸：30×16×15 cm
金黄色毛发状金红石，部分被茶晶包裹

2.3.4 锡石

锡石（cassiterite），化学式为SnO_2，属四方晶系的氧化物矿物。晶体结构为金红石型，常呈双锥状、双锥柱状、长柱状或针状，膝状双晶常见；集合体呈不规则粒状、致密块状，由胶体溶液形成的纤维状锡石呈葡萄状、钟乳状。纯净锡石近乎无色，一般呈黄棕至深褐色，富含铌、钽者为沥青黑色；条痕白色至淡黄色。金刚光泽，断口油脂光泽；半透明至不透明；不完全解理；贝壳状断口；摩氏硬度6.0～7.0；相对密度6.8～7.0。性脆，富铁锡石具电磁性。

锡石矿床在成因上与酸性岩浆岩，尤其与花岗岩有密切关系，主要产于花岗岩的云英岩化部位、花岗伟晶岩脉中，也形成于接触交代的夕卡岩中。原生锡矿床风化破坏后，常富集成砂矿，锡石大部分采自砂矿。

锡石是提取锡的最重要矿物原料，用于防锈、染料、釉料以及制造锡合金等。

▽ **锡石**
产地：四川绵阳 尺寸：15×9×5 cm
锡石与海蓝宝石、白云母共生

△ **锡石**
  产地：内蒙古　尺寸：17×8×17 cm
  锡石与白色黄玉、茶色水晶和白云母共生

△ **锡石**
  产地：内蒙古赤峰　尺寸：42×26×10 cm
  锡石与水晶、白云母、黄玉共生

2.3.5 软锰矿

软锰矿（pyrolusite），化学式为MnO_2，属四方晶系的氧化物矿物。完整晶体少见，可形成针状、放射状集合体，通常呈块状、肾状或粉末状集合体。颜色黑色，常带浅蓝锖色；条痕黑色。半金属光泽至土状光泽；完全解理；摩氏硬度随形态和结晶程度而不同，呈显晶质者为5.0～6.0，而隐晶质的块体者降至2.0；相对密度为4.7～5.0，块状的降至4.5。性脆，易污手。

软锰矿主要由风化作用和沉积作用形成，常见于滨海相的沉积成因锰矿床中。在锰矿床的氧化带部分，低价锰矿物可变为在氧化环境下最稳定的软锰矿。

软锰矿是提取锰和制造锰合金的重要矿物原料，应用于航空航天、化工、陶瓷及化肥等领域。

△ **软锰矿**
尺寸：8.5×6.5×5.0 cm

△ **软锰矿**
产地：广东 尺寸：48×30×6 cm
树枝状的软锰矿附于岩石面上，像植物化石，也称为假化石

2.3.6 赤铜矿

赤铜矿（cuprite），化学式为Cu_2O，属等轴晶系的氧化物矿物。晶体呈立方体、八面体或立方体与菱形十二面体的聚形，通常为致密块状、粒状、土状、针状、毛发状、放射状集合体。颜色红色，暴露于空气中氧化呈暗红色、近乎黑色；条痕褐红色。金刚光泽至半金属光泽，透明至半透明，不完全解理，摩氏硬度3.5～4.0，相对密度5.85～6.15。性脆。

赤铜矿主要产于铜矿床氧化带中，一般是黄铜矿、黝铜矿等铜的硫化物氧化而成，常与自然铜、孔雀石、蓝铜矿、硅孔雀石、褐铁矿等共生。

赤铜矿虽然含铜量高，但因分布少，量多时可作为铜矿石利用，也可作为原生铜矿的找矿标志。有时可作宝石，但易碎。

▷ **赤铜矿**
产地：俄罗斯 尺寸：8.0×5.5×6.0 cm
八面体黑色赤铜矿与自然铜共生

2.3.7 尖晶石

尖晶石（spinel），是尖晶石族矿物的总称，化学式为$MgAl_2O_4$，属等轴晶系的氧化物矿物。因为常含有铬、铁、锌、锰等元素，可形成很多种尖晶石，如铝尖晶石、铁尖晶石、锌尖晶石、锰尖晶石、铬尖晶石等。由于所含的元素不同，也具有不同的颜色，如镁尖晶石为红、蓝、绿、褐色或无色；锌尖晶石为暗绿色；铁尖晶石为黑色等。单晶体呈八面体、八面体与菱形十二面体的聚形，双晶常见。玻璃光泽，透明至不透明，无解理，摩氏硬度7.0～8.0，相对密度3.6～4.1。红、橙、粉色尖晶石在长、短波紫外光下具发光性。

尖晶石常产于镁质灰岩与花岗岩类的接触变质带，与镁橄榄石、透辉石等共生。基性岩、超基性岩中则由岩浆直接结晶形成，与辉石、橄榄石、磁铁矿、铬铁矿及铂族矿物等伴生。在富铝贫硅的泥质岩的热变质带也可形成尖晶石，常与堇青石或斜方辉石共生。因其化学性质稳定，也常见于砂矿中。

色泽鲜艳透明的尖晶石可作为宝石。富铬变种为提取铬的矿物原料。含铁者可用作磁性材料。镁尖晶石是镁质耐火材料的主要原料。

△ **红色尖晶石戒面**
产地：越南 1.37克拉

△ 尖晶石
产地：越南 尺寸：38×20×16 cm

2.3.8 磁铁矿

磁铁矿（magnetite），化学式为$FeFe_2O_4$，属等轴晶系的氧化物矿物。晶体呈八面体、菱形十二面体，通常为致密块状或粒状集合体。颜色铁黑色，具暗蓝靛色；条痕黑色。半金属光泽，不透明，无解理，摩氏硬度5.5～6.0，相对密度4.8～5.3。性脆，具强磁性。

磁铁矿常产于多种类型的岩浆岩、接触变质岩、基性与超基性岩中，可形成大型矿床。因其稳定性好，也见于砂矿中。

磁铁矿是重要的提炼铁的矿物原料，我国古代的指南针"司南"就是利用磁铁矿的磁性来指示方向的。

△ **磁铁矿**
产地：内蒙古赤峰　尺寸：15×11×11 cm
黑色磁铁矿与白色水晶、黄色白云石、钢灰毒砂等共生

▷ **磁铁矿**
尺寸：21.0×12.5×11.0 cm

2.3.9 石英

石英（quartz），通常指低温石英（α-石英），化学式为 α-SiO_2，属三方晶系的氧化物矿物。完好晶形常见，呈六方柱和菱面体的聚形，柱面上常具横纹，常形成双晶；集合体呈晶簇状、梳状、粒状、致密块状，隐晶质集合体呈结核状、肾状、鲕状等。颜色丰富，常为无色、乳白色、灰白色。玻璃光泽，断口油脂光泽；透明至半透明；无解理；贝壳状断口；摩氏硬度7；相对密度2.22～2.65。具压电性。

石英的单晶体通常称为水晶（rock crystal）；呈钟乳状、葡萄状、球状等的隐晶质石英称为玉髓（chalcedony）或石髓；由多色的玉髓成同心层状和规则条状排列者称为玛瑙（agate）。

α-石英在自然界分布非常广泛，是许多岩浆岩、沉积岩和变质岩的主要造岩矿物。在花岗伟晶岩脉和大多数热液脉中也是主要矿物。β-石英（高温石英）在573～870°C范围内稳定，低于573°C将转变为α-石英，因而自然界见到的石英通常为α-石英。

石英用途广泛，除用来生产玻璃、陶瓷及耐火材料，用于冶金、建筑、化工、机械、电子、航空航天等行业外，也用作压电材料、光学材料、宝石材料等。

※ **小知识｜沙子、水晶、玛瑙和玉髓——多变的硅**

你知道吗？海滩、沙漠以及河流中常见的沙子与水晶、玛瑙竟是由同一种成分组成的，那就是二氧化硅（SiO_2）。当二氧化硅结晶完美时就是水晶；二氧化硅胶化脱水后就是玛瑙；二氧化硅含水的胶体凝固后就成为蛋白石；二氧化硅晶粒小于几微米时，就成为玉髓、燧石、次生石英岩。玛瑙具有条带构造，而玉髓则没有，且颜色均一，以此相区别。

▷ **白水晶球**
　产地: 巴西 尺寸: 直径16 cm

▷ **黄水晶球**
　产地: 巴西 尺寸: 直径11 cm

◁ **粉水晶球**
　产地: 马达加斯加 尺寸: 直径13 cm

△ 水晶
产地：四川乐山 尺寸：23×30×15 cm

△ 水晶
产地：内蒙古 尺寸：42×50×20
与片状方解石共生

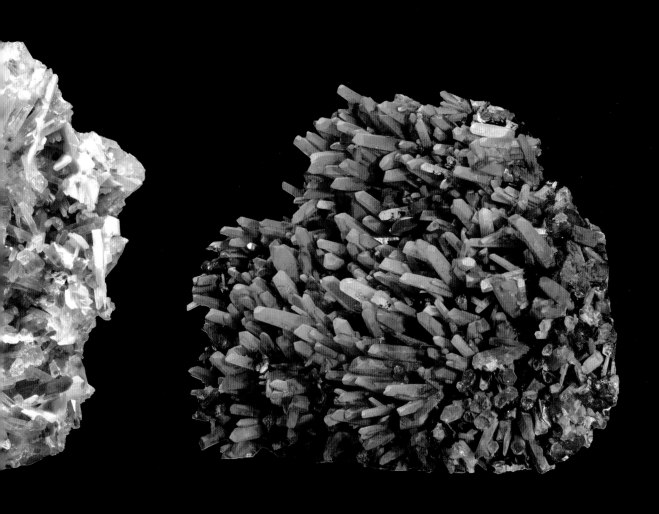

△ **水晶**
产地: 广东龙川 尺寸: 40×33×20 cm
黄色水晶与黑色玫瑰状镜铁矿共生

△ **水晶**
产地：四川乐山 尺寸：30×24×7 cm

△ **水晶**
产地：广东龙川 尺寸：22×11×11 cm
红色水晶与镜铁矿共生

△ **石英**
尺寸：10×7×5 cm

△ **水晶**
产地：巴西 尺寸：26×17×20 cm

▽ **紫水晶晶洞**
产地：巴西 尺寸：95×35×100 cm
与白色至淡粉色方解石共生

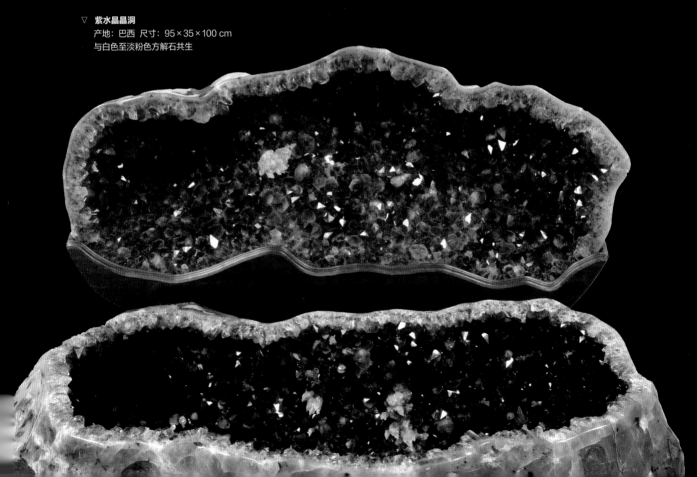

△ **紫水晶**
产地：巴西 尺寸：25×13×19 cm
紫色水晶与黄色方解石共生

◁ **紫水晶球**
产地: 巴西 尺寸: 直径17 cm

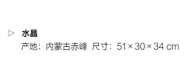

▷ **水晶**
产地: 内蒙古赤峰 尺寸: 51×30×34 cm

◁ **水晶**
产地: 内蒙古赤峰 尺寸: 21×22×12 cm

△ **水晶**
产地：山东五莲 尺寸：20×21×10 cm
墨晶与长石共生

△ **葡萄玛瑙**
产地：印度尼西亚 尺寸：23×19×15 cm

△ **玛瑙**
产地：山东青岛 尺寸：12.5×6.5×3.0 cm

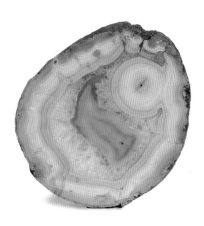

△ **缟玛瑙**
产地：日本 尺寸：23.0×19.0×4.5 cm

△ **清松竹梅玛瑙洗**
尺寸：19×12×17 cm

2.3.10 蛋白石

蛋白石（opal），宝石级的蛋白石即为欧泊，化学式为$SiO_2 \cdot nH_2O$，是含水的隐晶质或胶质的二氧化硅。无一定外形，多呈块状、葡萄状、钟乳状、皮壳状等。颜色蛋白色，因含各种杂质而呈不同颜色。玻璃光泽或蛋白光泽，半透明至微透明，摩氏硬度5.0～5.5，相对密度1.9～2.3。性脆，易干裂。具变彩效应。在紫外光照射下，不同种类的蛋白石发出不同颜色的荧光。

蛋白石可以在温泉、浅层热液或地表水的硅质溶液中形成，也可在动物硬体化石、木化石等中置换有机物而成，常与石英族矿物伴生。蛋白石胶体脱水老化可变成玉髓或结晶质石英。

蛋白石可用作宝石饰品、过滤介质、催化剂载体、保温材料和优质填料等。

✳ **小知识 | 变彩效应**

当从不同方向观察某些透明矿物时，其不均匀分布的各种颜色会随之发生变换。

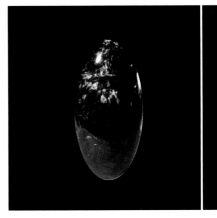 

△ **欧泊戒面**
产地：埃塞俄比亚 15.14克拉

△ **蛋白石**
产地：美国 尺寸：10×8×7 cm（中波紫外光下）

2.3.11 黄锑矿

黄锑矿（cervantite），化学式为$SbSbO_4$，属斜方晶系的氧化物矿物。晶体呈微小针状，常呈晶簇状、鳞片状、粉末状或块状集合体。颜色黄色至红色或无色，条痕淡黄色至白色。油脂或珍珠光泽，透明，完全解理，摩氏硬度4.0～5.0，相对密度6.5。

黄锑矿形成于锑矿床氧化带，是辉锑矿氧化分解的次生矿物，常呈辉锑矿假象。

黄锑矿聚集量多时可作为锑矿石利用，也可用作黄色颜料。

△ **黄锑矿**
产地：湖南冷水江 尺寸：11×8×6 cm

2.3.12 黑钨矿

黑钨矿（wolframite），化学式为（Mn，Fe）WO_4，也叫钨锰铁矿，是钨铁矿和钨锰矿系列中的过渡矿物，属单斜晶系的氧化物矿物。晶体呈短柱状或板状，集合体呈刃片状、板状。颜色和条痕均随铁、锰含量而变化，颜色由红褐色（钨锰矿）至黑色（钨铁矿），条痕由黄褐色（钨锰矿）至褐黑色（钨铁矿）。光泽由树脂光泽（钨锰矿）至半金属光泽（黑钨矿、钨铁矿）；半透明到不透明；完全解理；摩氏硬度4.0～4.5；相对密度7.12～7.51，随铁的含量增高而增大。性脆。钨铁矿具弱磁性。

黑钨矿主要产于高温热液石英脉内及其云英岩化围岩中，常与锡石、辉钼矿、辉铋矿、毒砂、黄铁矿、黄铜矿、黄玉、绿柱石、电气石等共生。黑钨矿也可聚集成砂矿。

黑钨矿是提炼钨的最主要矿石原料。

△ **黑钨矿**
产地：湖南郴州 尺寸：12×8×7 cm

△ **黑钨矿**
产地：湖南郴州 尺寸：21×18×12 cm
与萤石、水晶共生

2.3.13 褐铁矿

铁的氢氧化物包括FeO（OH）的4个同质多像变体：针铁矿（α-FeOOH）、水针铁矿（α-FeOOH·nH$_2$O）、纤铁矿（γ-FeOOH）和水纤铁矿（γ-FeOOH·nH$_2$O）。

人们通常所说的褐铁矿（limonite）是以针铁矿或水针铁矿为主，并含纤铁矿、水纤铁矿、含水氧化硅、黏土等的混合物，水的含量变化也很大。通常呈钟乳状、葡萄状、致密的或疏松的块状等产出，常呈黄铁矿晶形的假象。颜色为多种色调的褐色，条痕黄褐色，半金属光泽，摩氏硬度（1.0～4.0）变化较大。

褐铁矿是氧化条件下极为普遍的次生物质，由铁的硫化物或碳酸盐等氧化而成。在硫化矿床氧化带中常构成红色的"铁帽"，可作为找矿的标志。褐铁矿也可在沼泽、湖泊及泉水沉积中通过无机或生物沉淀而形成。

褐铁矿的含铁量虽低于磁铁矿和赤铁矿，但较疏松，易冶炼，也是重要的铁矿石。其也用作颜料。

△ **褐铁矿**
产地：日本 尺寸：16×15×13 cm

△ **褐铁矿**
尺寸：21×12×12 cm

2.3.14 针铁矿

针铁矿（goethite），化学式为α-FeOOH，属斜方晶系的氢氧化物矿物。晶体呈鳞片状、柱状、针状，极少见；通常呈肾状、钟乳状、结核状或土状集合体。颜色由褐黄色至褐红色，条痕褐黄色。半金属光泽，结核状、土状者光泽暗淡，纤维状、鳞片状者具丝绢光泽；完全解理；参差状断口；摩氏硬度5.0～5.5；相对密度4.28，呈土状时可低至3.3。性脆。

针铁矿是分布很广的矿物之一，是褐铁矿的最主要组分，常与纤铁矿共生。它主要是其他含铁矿物（如黄铁矿、磁铁矿等）风化作用的产物，常分布在铜铁硫化物矿床的露头部分，构成"铁帽"。针铁矿也可由无机和生物沉积作用而形成于湖沼和泉水中，也见于大洋底的锰结核中。在区域变质作用中可脱水而转变成赤铁矿或磁铁矿。

针铁矿是炼铁的矿物原料，也可用作赭黄颜料。"铁帽"常作为寻找原生铜铁硫化物矿床的标志。

▷ **针铁矿**
产地：湖北大冶 尺寸：16×11×6 cm
褐色蜂窝状针铁矿，与方解石、黄铁矿共生

2.3.15 三水铝石

三水铝石（gibbsite），也叫水铝氧石，化学式为$Al(OH)_3$，常含少量铁和镓等类质同像混入物，属单斜晶系的氢氧化物矿物。晶体一般极为细小，呈假六方形极细片状；通常为细鳞片状、结核状、豆状、土状集合体或隐晶质块状集合体。颜色一般为白色，常带灰、绿、褐、粉红色调。玻璃光泽，解理面珍珠光泽；透明至半透明；极完全解理；摩氏硬度2.5～3.6；相对密度2.30～2.42。具泥土味。

三水铝石主要为长石等铝硅酸盐矿物风化后的次生矿物，是风化型（红土型）铝土矿床中的主要矿物成分，在沉积型铝土矿床中较少分布。部分三水铝石为低温热液成因。在区域变质作用中，三水铝石经脱水作用变为一水硬铝石；而在更深的区域变质条件下，可转变为刚玉；如有二氧化硅存在时则变为含铝硅酸盐矿物。

三水铝石为炼铝的最重要的矿物原料，同时镓可综合利用；也可作为耐火材料和高铝水泥的原料。

△ 三水铝石
  产地: 浙江 尺寸: 20×10×16 cm

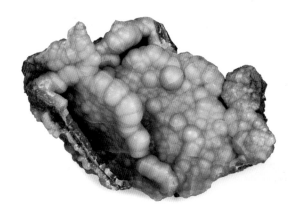

△ 三水铝石
  产地: 广西桂林 尺寸: 10×6×6 cm

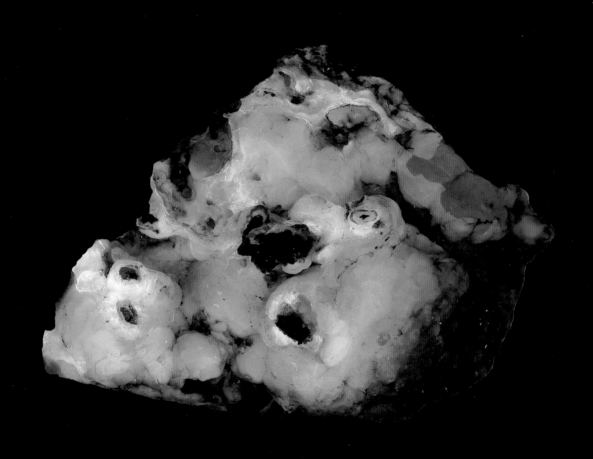

△ **三水铝石**
　产地：湖南郴州 尺寸：10×7×4 cm（长波紫外光下）

2.4 含氧盐矿物（一）——硅酸盐矿物

含氧盐是金属阳离子与各种含氧酸根的络阴离子组成的盐类化合物。主要络阴离子有$[CO_3]^{2-}$、$[SiO_4]^{4-}$、$[NO_3]^-$、$[SO_4]^{2-}$等，相应形成碳酸盐、硅酸盐、硝酸盐、硫酸盐等矿物。

金属阳离子与各种硅酸根相结合而成的含氧盐矿物为硅酸盐矿物。硅酸盐矿物在自然界分布极为广泛，其质量约占地壳岩石圈总质量的80%。

2.4.1 锆石

锆石（zircon），又称锆英石，化学式为$Zr[SiO_4]$，属四方晶系的硅酸盐矿物。晶体呈四方双锥状、柱状、板状。颜色多样，有红、黄、橙、褐、绿或无色等；条痕白色。玻璃至金刚光泽，断口油脂光泽；透明至半透明；不完全解理；不平坦或贝壳状断口；摩氏硬度7.5～8.0；相对密度4.4～4.8。色散高，性脆。

锆石在酸性和碱性岩浆岩中广泛分布，基性岩和中性岩中亦有产出，也产于变质岩和沉积岩中。其化学性质很稳定，可富集成砂矿，所以在河流的砂砾中也可以见到宝石级的锆石。

锆石是提取锆和铪的最重要的矿物原料，可用于国防、航天和陶瓷工业，色泽绚丽且透明无瑕者，可用作宝石原料。锆石是地球上形成最古老的矿物之一，因其稳定性好，而成为同位素地质年代学最重要的定年矿物。

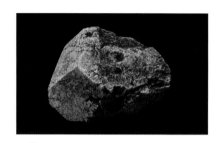

△ **锆石**
产地：澳大利亚 尺寸：8×6×5 cm （短波紫外光下）

△ **锆石戒面**
产地：巴基斯坦 2.17克拉

2.4.2 橄榄石

橄榄石（olivine），化学式为$(Mg,Fe)_2[SiO_4]$，是镁橄榄石$Mg_2[SiO_4]$和铁橄榄石$Fe_2[SiO_4]$固溶体系列的总称，属斜方晶系的硅酸盐矿物。晶体呈等轴粒状、短柱状或厚板状，完好晶形者少见，常为不规则他形晶粒状集合体。颜色橄榄绿色，随着成分中铁含量的增加由浅黄绿色至深绿色或黑色；条痕白色。玻璃光泽，断口油脂光泽；透明至半透明；中等解理；常见贝壳状断口；摩氏硬度6.5～7.0；相对密度3.27～4.37，且随铁含量的增加而增大。具脆性，韧性较差，极易出现裂纹。

橄榄石是地幔岩的主要成分，也是陨石和月岩的主要矿物成分。橄榄石是常见的造岩矿物，主要产于基性、超基性岩浆岩及镁夕卡岩中。受热液作用和风化作用易蚀变成蛇纹石，野外所见橄榄石多已蛇纹石化。

富镁的橄榄石是制造镁质耐火材料的优质矿物原料；晶粒粗大（8 mm以上）而透明者可作宝石原料。

△ **橄榄石铁陨石**
　产地：俄罗斯 尺寸：5.0×3.5×1.5 cm

2.4.3 石榴子石

石榴子石（garnet），是石榴子石族矿物的总称，因形似石榴籽而得名，化学成分通式为$A_3B_2[SiO_4]_3$，其中A代表2价阳离子（Ca^{2+}、Mg^{2+}、Fe^{2+}等）与K^+、Na^+等，而B代表3价阳离子（Al^{3+}、Fe^{3+}、Cr^{3+}等）及Ti^{4+}、Zr^{4+}等，属等轴晶系的硅酸盐矿物。常见晶体形态为菱形十二面体、四角三八面体及其聚形，晶面可见生长纹；集合体为致密粒状或块状。颜色各种各样，几乎包含红、橙、黄、绿、蓝、紫、棕、黑及无色的所有颜色；条痕白色。玻璃光泽到树脂光泽，断口油脂光泽；透明至半透明；无解理；贝壳状断口；摩氏硬度6.5～7.5；相对密度3.5～4.3。性脆。

石榴子石化学通式中A类和B类阳离子分别配对可形成一系列石榴子石矿物种，常见的有以下六种：

镁铝石榴子石（pyrope），$Mg_3Al_2[SiO_4]_3$，颜色为紫红、血红、橙红、玫瑰红色；

铁铝石榴子石（almandine），$Fe_3Al_2[SiO_4]_3$，颜色为褐红、棕红、橙红、粉红色；

锰铝石榴子石（spessartite），$Mn_3Al_2[SiO_4]_3$，颜色为深红、橘红、玫瑰红、褐色；

钙铝石榴子石（grossularite），$Ca_3Al_2[SiO_4]_3$，颜色为红褐、黄褐、黄、黄绿色；

钙铁石榴子石（andradite），$Ca_3Fe_2[SiO_4]_3$，颜色为黄绿、翠绿、褐黑色；

钙铬石榴子石（uvarovite），$Ca_3Cr_2[SiO_4]_3$，颜色为鲜绿色。

除了镁铝石榴子石和钙铬石榴子石是与超基性岩有关外，其他主要产于变质岩中。

石榴子石常用作研磨材料、钟表轴承等。粒大（＞8 mm，绿色者可小至3 mm）、色泽美丽、透明无瑕者可作宝石原料。钇铝石榴子石可用作激光材料，镁铝石榴子石可用于指示金刚石找矿。

△ **钙铁石榴子石**
产地：内蒙古赤峰　尺寸：12×8×6 cm
与绿色水晶共生

△ **石榴子石**
产地：福建云霄　尺寸：22×16×5 cm
与黄铁矿、水晶共生

△ **石榴子石和水晶**
产地：内蒙古赤峰　尺寸：29×27×40 cm
黄褐色石榴子石与绿色水晶共生

△ **橙色石榴子石戒面**
产地：坦桑尼亚 5.29克拉

△ **红色石榴子石戒面**
产地：巴西 3.2克拉

△ **红色石榴子石手链**
产地：巴西 尺寸：粒径6 mm

◁ **镁铝石榴子石**
产地：马达加斯加 尺寸：19×14×7 cm

2.4.4 翠榴石

翠榴石（demantoid），化学式为$Ca_3Fe_2[SiO_4]_3$，是钙铁石榴子石中含微量铬元素的翠绿色变种。颜色一般为从浅绿色、黄绿色至翠绿色；半金刚光泽；在石榴子石中是比较软的品种，摩氏硬度为6.5～7.0；相对密度3.84。

翠榴石主要产于超基性岩的接触变质带中。

▽ **翠榴石**
产地：马达加斯加 尺寸：13×7×6 cm

2.4.5 黄玉

黄玉（topaz），又名黄晶，宝石名称为托帕石，化学式为$Al_2[SiO_4](F,OH)_2$，属斜方晶系的硅酸盐矿物。晶体常呈斜方柱、斜方双锥等柱状，柱面常有纵纹；集合体一般为不规则粒状或块状。颜色无色或微带蓝、绿、黄、红、褐等色，条痕白色。玻璃光泽，透明，完全解理，摩氏硬度8，相对密度3.4～3.6。性脆，在长、短波紫外光下有荧光现象。

黄玉形成于高温并有挥发组分作用的环境下，是典型的气成热液矿物，主要见于花岗伟晶岩、酸性火山岩、云英岩和高温气成热液矿脉中。

透明色美的黄玉可作为宝石原料。其他的可用于研磨材料、精密仪表轴承等。因其经常与锡矿石伴生，可作为寻找锡矿床的标志。

△ **黄玉**
产地：巴基斯坦 尺寸：11×11×8 cm

▷ 黄玉
　产地：巴西 尺寸：11×9×10 cm

◁ 黄玉
　产地：巴西 尺寸：7×4×7 cm

▷ 黄玉
　产地：缅甸 尺寸：12×7×9 cm

△ **蓝色托帕石戒面**
　产地：巴西　173.8克拉

△ **黄色托帕石戒面**
　产地：巴西　3.29克拉

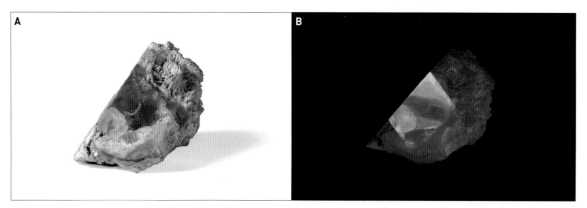

△ **黄玉**
　产地：巴基斯坦　尺寸：12×10×7 cm　（A自然光下 B短波紫外光下）

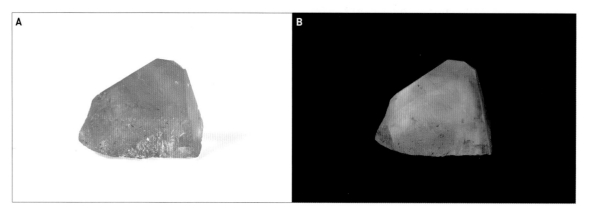

△ **黄玉**
　产地：缅甸　尺寸：5×4×4 cm（A自然光下 B长波紫外光下）

2.4.6　十字石

　　十字石（staurolite），化学式为$FeAl_4[SiO_4]_2O_2(OH)_2$，属单斜晶系的硅酸盐矿物。晶体呈短柱状，常形成奇特的正交或斜交十字形贯穿双晶，因此得名；也有的呈不规则粒状。颜色深褐、红褐、淡黄褐或黑色，条痕白色至浅灰色。玻璃光泽，不纯净时暗淡无光或土状光泽；半透明至不透明；中等解理；参差状或贝壳状断口；摩氏硬度7.5；相对密度3.74～3.83。

　　十字石主要是区域变质及少数接触变质作用的产物，可见于云母片岩、千枚岩、片麻岩中，与蓝晶石、铁铝石榴子石、白云母等共生。也见于砂矿中。

　　十字形晶体或透明者可用作宝石原料。

△ **十字石**
尺寸：2.5×1.8×2.0 cm

△ **十字石**
尺寸：2.5×2.0×1.5 cm

△ **十字石**
尺寸：2.5×1.2×1.0 cm

2.4.7 榍石

　　榍石（sphene），化学式为CaTi[SiO₄]O，常含有钇、铈、锰、铝等，属单斜晶系的硅酸盐矿物。晶体形态多样，以具有楔形横截面信封状晶体较常见，常形成双晶；集合体为板状、柱状、针状、粒状等。颜色有黄、褐、绿、灰、黑、红等色，条痕白色或无色。透明至半透明，金刚光泽、油脂光泽或树脂光泽，中等解理，贝壳状断口，摩氏硬度5.0～6.0，相对密度3.29～3.60。

　　榍石作为副矿物广泛分布于各种岩浆岩中，如花岗岩、正长岩、闪长岩等，在伟晶岩尤其是碱性伟晶岩中常见粗大的晶体。也可见于结晶片岩、片麻岩、夕卡岩以及砂矿中。

　　当榍石富集时，可作为提取钛的矿物原料。色泽美丽且透明者可用作宝石原料。

2.4.8 绿帘石

绿帘石（epidote），化学式为$Ca_2(Al_2Fe)[Si_2O_7][SiO_4]O(OH)$，属单斜晶系的硅酸盐矿物，绿帘石族矿物的一种。晶体常呈板状、柱状，常发育晶面纵纹，可形成聚片双晶；集合体常呈放射状、晶簇状等。颜色通常为深浅不同的绿色，也有灰色、黄色、褐色或近于黑色；条痕淡绿色。玻璃光泽；透明；完全解理；摩氏硬度6.0～6.5；相对密度3.38～3.49，随铁含量的增加而增大。

绿帘石的形成与热液作用有关，主要形成绿帘石化，即原来的岩浆岩、变质岩、沉积岩受热液交代后形成的一种围岩蚀变。在基性岩浆岩动力变质与区域变质中的绿片岩相中也广泛发育。

绿帘石一般只具有矿物学和岩石学意义，大晶体者可以作为宝石原料、矿晶收藏等。

△ **绿帘石**
产地：四川美姑 尺寸：23×19×8 cm
与水晶共生，水晶包裹绿帘石也称花园水晶

2.4.9 黝帘石

黝帘石（zoisite），化学式$Ca_2Al_3[Si_2O_7][SiO_4]O(OH)$，属斜方晶系的硅酸盐矿物，绿帘石族矿物的一种。晶体呈柱状，晶面有纵纹，常见棒状、粒状集合体。颜色有无色、白色、灰色、绿色、黄色、褐色、红色、蓝色等，条痕白色或无色。玻璃光泽，透明至半透明，无解理，贝壳状或参差状断口，摩氏硬度6.0～6.5，相对密度3.15～3.55。蓝到紫色的宝石级黝帘石变种称为坦桑石（tanzanite）。

黝帘石产自多种岩石，在变质岩中是区域变质及热液蚀变作用的产物，与斜长石、绢云母、方解石或葡萄石等共生；在沉积岩以及花岗岩中也有产出。

黝帘石可用作装饰石材。色泽美丽且透明者可作为宝石原料，以坦桑石最为著名。

△ **坦桑石**
产地：坦桑尼亚 尺寸：4.0×5.0×2.5 cm

2.4.10 斧石

斧石（axinite），化学式为$Ca_4(Fe,Mn)_2Al_4[B_2Si_8O_{30}](OH)_2$，属三斜晶系的硅酸盐矿物。晶体呈宽、薄的斧刃状，横截面呈楔形；常为片状或板状集合体。颜色棕红、红、黄、灰、淡蓝紫等色，玻璃光泽，透明至半透明，中等解理，贝壳状断口，摩氏硬度6.5～7.0，相对密度3.25～3.36。性脆。

斧石是接触变质作用和交代变质作用的产物，与石榴子石、阳起石、钙铁辉石、方解石、石英等共生。

斧石可琢磨成美丽的刻面宝石，但容易破损，因此多用于矿晶收藏。

◁ **斧石**
产地：玻利维亚 尺寸：26×16×14 cm
与绿帘石共生

2.4.11 硅锌矿

硅锌矿（willemite），化学式为$Zn_2[SiO_4]$，常含少量锰、铁元素，属三方晶系的硅酸盐矿物。晶体呈带尖锥的六方柱状，但完整者极少见；常见块状、放射状、纤维状、葡萄状、钟乳状、粒状集合体。颜色无色或带绿的黄色、黄褐色、浅红色等，条痕白色。玻璃光泽至油脂光泽，透明至半透明，中等解理，贝壳状断口，摩氏硬度5.0～6.0，相对密度3.9～4.2。性脆。在紫外光和X光下常有明亮的黄绿色荧光或磷光。

硅锌矿通常产于铅锌矿床氧化带，为锌矿的次生矿物，常与异极矿、白铅矿等共生；也见于接触交代矿床中，成分中常含有一定量的锰，与红锌矿、锌铁尖晶石等伴生。

硅锌矿可用于制取锌盐，具发光性者有矿物收藏价值。

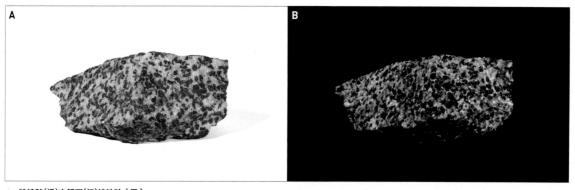

△ **硅锌矿(绿)方解石(红)锌铁矿（黑）**
产地：美国 尺寸：13×6×6 cm，又称圣诞方解石（A自然光下 B短波紫外光下）

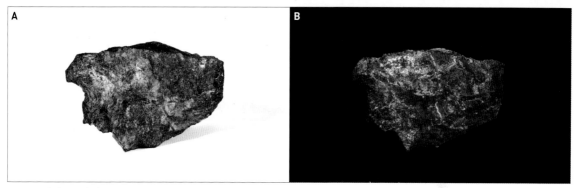

△ **硅锌矿(绿)菱锌矿(红)**
产地：美国 尺寸：8×6×6 cm（A自然光下 B短波紫外光下）

2.4.12 黑柱石

黑柱石（ilvaite），化学式为$CaFeFe_2O[Si_2O_7](OH)$，属斜方晶系的硅酸盐矿物。晶体呈柱状，柱面上具纵纹；通常呈粒状、束状或致密块状集合体。颜色铁黑、褐黑、绿黑色，条痕褐黑色。半金属光泽，不透明，中等解理，摩氏硬度5.5～6.0，相对密度3.8～4.1。性脆。

黑柱石产于接触交代铁矿床中，主要见于夕卡岩带并与钙铁石榴子石、钙铁辉石、磁铁矿及铜铁硫化物共生。在地表氧化条件下可风化为褐铁矿。

▽ **黑柱石**
产地：内蒙古赤峰 尺寸：32×12×15 cm
与水晶、毒砂、钙铁辉石共生

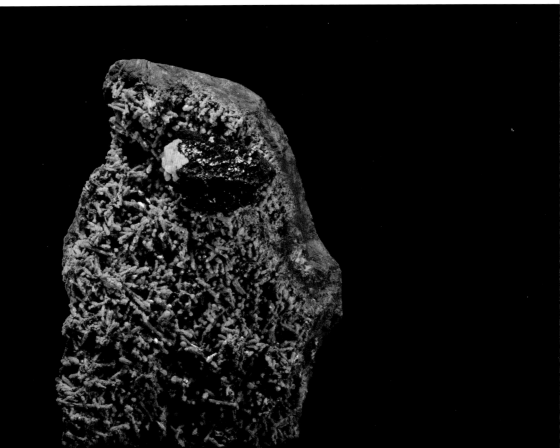

2.4.13 蓝晶石

蓝晶石（kyanite），化学式为$Al_2[SiO_4]O$，与红柱石、夕线石为同质多像变体，属三斜晶系的硅酸盐矿物。晶体通常呈扁平的柱状或片状，晶面有平行条纹，双晶常见，有时呈放射状集合体。颜色多为蓝或蓝灰色，也呈白、绿、灰、黄、黑等色。玻璃光泽，解理面有珍珠光泽；透明至半透明；完全解理；硬度表现出显著的各向异性，平行晶体伸长方向上摩氏硬度为4.5，而垂直方向上为6.0，故又名二硬石；相对密度3.53~3.68。性脆。

蓝晶石是区域变质作用的产物，多由泥质岩变质而成，是结晶片岩中典型的变质矿物。也形成于某些高压变质带中，常与石榴子石、十字石、云母等共生。

蓝晶石是提取铝、制造高级耐火材料、高强度轻质硅铝合金、特种陶瓷、合成莫来石等的矿物原料。色泽绚丽且纯净透明者可用作宝石材料。

▽ **蓝晶石**
产地：巴西 尺寸：15×11×10 cm
与白色石英共生

2.4.14 红柱石

红柱石（andalusite），化学式为$Al_2[SiO_4]O$，与蓝晶石、夕线石为同质多像变体，属斜方晶系的硅酸盐矿物。晶体呈柱状，横切面接近于正四边形。当红柱石在生长过程中俘获部分碳质和黏土矿物，并在晶体内定向排列时，使其横切面上呈黑十字形，而纵切面上呈与晶体延长方向一致的黑色条纹，这种红柱石被称为空晶石。有些集合体呈粒状或放射状，放射状集合体形似菊花，又称菊花石。颜色粉红、灰、黄、绿、白、红褐等色，条痕白色。玻璃光泽，透明至半透明，中等解理，摩氏硬度6.5～7.5，相对密度3.13～3.16。性脆。

红柱石主要为变质成因的矿物，形成于温度和压力较低的区域变质作用中，常见于富铝的泥质片岩中；接触热变质者见于泥质岩和侵入体的接触带，与堇青石、十字石、石榴子石、石英、白云母等共生。

△ **红柱石**
产地: 河南西峡 尺寸: 16×12×6 cm

2.4.15 夕线石

夕线石（sillimanite），也写作矽线石，化学式为$Al_2[SiO_4]O$，与红柱石、蓝晶石为同质多像变体，属斜方晶系的硅酸盐矿物。晶体呈长柱状、针状，横截面呈近似正方形的菱形或长方形；集合体呈放射状或纤维状，有时在石英、长石晶体中呈毛发状包裹体。颜色白色、灰色或浅褐、浅绿、浅蓝等色，玻璃光泽或丝绢光泽，完全解理，摩氏硬度6.5～7.5，相对密度3.23～3.27。

夕线石是典型的高温变质矿物，由富铝的泥质岩石经高级区域变质作用而成，也见于富铝质岩石与岩浆岩（尤其是花岗岩）的接触带及结晶片岩、片麻岩中，常与红柱石、黑云母、刚玉、堇青石等共生。在风化过程中，夕线石非常稳定，所以也常见于冲积砂矿、残积层和坡积层中。

夕线石是提取铝、制造高级耐火和耐酸材料的矿物原料。色泽艳丽的夕线石可作为宝石原料。

▷ **夕线石**
产地：河北曲阳 尺寸：15×11×8 cm

2.4.16 透视石

透视石（dioptase），化学式为$CuSiO_3 \cdot H_2O$，属三方晶系的硅酸盐矿物。单晶体由菱面体和六方柱聚合而成，通常呈两头尖的短柱状、菱面体状，聚片双晶纹明显。颜色由翠绿色到蓝绿色，条痕浅绿色。玻璃光泽，透明至半透明，完全解理，贝壳状或参差状断口，摩氏硬度5，相对密度3.28～3.35。性脆。

透视石常见于铜矿床中，是铜矿床近地表部位的风化产物，与孔雀石、方解石、钼铅矿和异极矿等共生。

透视石可作为宝石原料，是比较罕见的有色宝石矿物。

▷ **透视石**
产地：纳米比亚 尺寸：13×7×9 cm

2.4.17 绿柱石

绿柱石（beryl），化学式为$Be_3Al_2[Si_6O_{18}]$，属六方晶系的硅酸盐矿物。晶体多呈六方形的长柱状、短柱状、板状、块状，柱面有纵纹，晶体可能非常小，但也可能长达几米。纯净者无色透明，常见的颜色有绿色、浅蓝色、黄绿色、深绿色、粉红色等；条痕白色。玻璃光泽，透明到半透明，不完全解理，贝壳状断口，摩氏硬度7.5～8.0，相对密度2.63～2.90。

绿柱石主要产于花岗伟晶岩、云英岩及高温热液矿脉中，也见于砂岩、云母片岩中。

绿柱石是提取铍、制造铍合金的重要矿物原料。色泽美丽而透明无瑕的绿柱石可作为珍贵的宝石原料，如祖母绿、海蓝宝石、金绿柱石和铯绿柱石等。

△ **绿柱石**
产地：云南麻栗坡 尺寸：17×12×14 cm

△ **绿柱石**
产地：云南麻栗坡 尺寸：37×29×11 cm

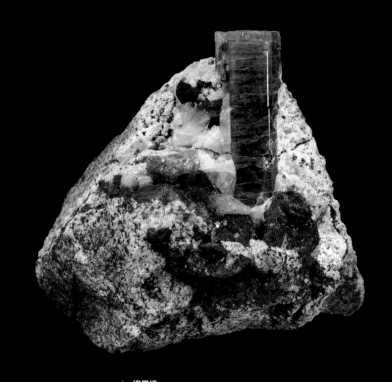

△ **祖母绿**
产地：阿富汗 尺寸：7.5×6.0×7.0 cm

◁ **金绿柱石**
产地：乌克兰 尺寸：3.0×2.5×5.0 cm

△ **海蓝宝石**
产地：四川绵阳 尺寸：28×21×12 cm
板状海蓝宝石与白云母、锡石共生

△ **海蓝宝石**
产地：越南 尺寸：1.5×1.5×10.0 cm

2.4.18 电气石

电气石（tourmaline），是电气石族矿物的总称，宝石名称为碧玺，化学通式为$NaR_3Al_6[Si_6O_{18}][BO_3]_3(OH,F)_4$。通式中R代表金属阳离子，当R为$Mg^{2+}$、$Fe^{2+}$、$Mn^{2+}$或$Li^+$、$Al^{3+}$时，分别构成镁电气石、黑电气石、钠锰电气石和锂电气石四个端员矿物，属三方晶系的硅酸盐矿物。晶体呈柱状，两端晶面不同，柱面发育纵纹，横切面呈球面三角形；通常呈棒状、束针状、放射状和块状集合体。颜色有蓝、绿、粉、红、黄、棕、黑和无色等各种颜色，常具双色、三色分带共生的现象。玻璃光泽，断口松脂光泽；半透明至透明；无解理；摩氏硬度7.0～7.5；相对密度3.03～3.25。性脆，有压电性、热电性，摩擦可带电。

电气石一般产于花岗岩、花岗伟晶岩及气成热液矿床中，交代作用形成的变质岩中也有产出，也可见于砂矿中。

电气石中具压电性的晶体可用于无线电工业，热电性可用于红外探测及制冷业，色泽鲜艳且清澈透明者可作宝石碧玺的原料，也常应用于环保、化工、建材等领域。

△ 碧玺
产地：阿富汗 尺寸：11×13×13 cm
墨绿色碧玺，与茶色水晶、白色长石共生

△ 黑电气石
产地：广西t桂林 尺寸：25×15×50 cm
黑色电气石与水晶共生

△ 碧玺
产地：巴西 尺寸：6.5×4.5×8.0 cm
多色碧玺

△ 碧玺
产地：阿富汗 尺寸：25×20×30 cm
红绿色的西瓜碧玺与白色长石共生

△ **碧玺**
产地：巴西 尺寸：23×9×40 cm

辉石

辉石（pyroxene），是辉石族矿物的总称，类质同像代替普遍，属硅酸盐矿物，约有20种。根据晶体结构，将辉石分为斜方辉石（正辉石）亚族（包括顽火辉石、古铜辉石、紫苏辉石、正铁辉石等）和单斜辉石（斜辉石）亚族（包括透辉石、钙铁辉石、普通辉石、霓石、霓辉石、硬玉、锂辉石等）。晶体多呈柱状。除不含铁的辉石外，颜色均较深，呈绿色、棕色、褐色到黑色。玻璃光泽，中等解理，摩氏硬度5.0～7.0，相对密度3.1～3.5。

辉石是组成地壳的主要造岩矿物之一，主要形成于岩浆岩和变质岩中，富含钠的辉石如霓石、霓辉石为碱性岩的主要造岩矿物。

2.4.19 锂辉石

锂辉石（spodumene），化学式为$LiAl[Si_2O_6]$，属单斜晶系的硅酸盐矿物，辉石族矿物中的一种。晶体常呈柱状、粒状或板状，柱面发育纵纹，可见有10米以上的巨大晶体；集合体呈板柱状、棒状及致密块状。颜色灰白色、烟灰色、灰绿色、粉红色、紫红色、黄色、绿色、无色等。玻璃光泽，解理面珍珠光泽；透明至不透明；完全解理；参差状断口；摩氏硬度6.5～7.0；相对密度3.03～3.23。

锂辉石是富锂花岗伟晶岩中的特征矿物，主要产于花岗伟晶岩脉中，常与水晶、电气石、绿柱石等伴生。

锂辉石是提取锂的重要矿物原料，应用于原子反应堆、轻质合金、动力电池及玻璃、陶瓷和润滑剂等领域。色泽美丽且透明的晶体（翠绿锂辉石、紫锂辉石）可用作宝石材料。

△ 锂辉石
产地：巴西 尺寸：16×16×34 cm

2.4.20 透辉石

透辉石（diopside），化学式为CaMg [Si₂O₆]，常含有铬、钛、锰等元素，可形成许多变种，是辉石族中常见的一种，属单斜晶系的硅酸盐矿物。晶体多为短柱状，横切面呈正方形或正八边形，可成简单双晶和聚片双晶；常呈柱状、粒状、放射状集合体。颜色无色、白色、灰色、淡绿色、深绿色、褐色和黑色，条痕无色至深绿色。玻璃光泽，半透明至不透明，完全解理，摩氏硬度5.5～6.5，相对密度3.22～3.56。具荧光和猫眼的现象。富含Cr₂O₃者称为铬透辉石、铬次透辉石，带有绿色，是金伯利岩的特征矿物之一。

透辉石是基性与超基性岩中的主要矿物，也是接触交代夕卡岩的特征矿物，与石榴子石、符山石、硅灰石、方解石等共生。在区域变质的钙质和镁质的片岩、辉石角岩相以及高级角闪岩相中也广泛出现。

透辉石广泛应用于陶瓷工业，是一种很好的新型节能添加剂和陶瓷原料。

▷ **透辉石猫眼戒面**
产地：巴基斯坦 1.84克拉

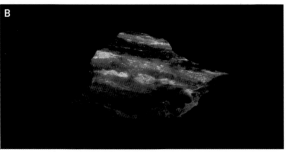

△ **透辉石(蓝)文石(黄)**
产地：美国 尺寸：14×8×6 cm（A自然光下 B短波紫外光下）

△ **铬透辉石**
　产地：坦桑尼亚 尺寸：4.5×2.5×7.0 cm

2.4.21 钙铁辉石

钙铁辉石（hedenbergite），化学式为$CaFe[Si_2O_6]$，属单斜晶系的硅酸盐矿物，是辉石族中的一种，与透辉石形成完全类质同像系列。晶体呈柱状、针状，横切面呈正方形或正八边形，可见简单双晶和聚片双晶；常呈放射状或束状集合体。颜色暗绿色至绿黑色，条痕白色、灰色。玻璃光泽，半透明至不透明，完全解理，贝壳状断口，摩氏硬度5.5~6.5，相对密度3.65。

钙铁辉石是一种常见的接触交代矿物，为夕卡岩的特征矿物，与石榴子石共生。

▽ **钙铁辉石**
产地：内蒙古赤峰 尺寸：12×8×8 cm
深色钙铁辉石与灰白色水晶共生

2.4.22 霓石

霓石（aegirine），化学式为NaFe[Si$_2$O$_6$]，属单斜晶系的硅酸盐矿物，是辉石族中的一种。晶体常呈针状、柱状，晶面有纵纹。颜色从暗绿色到黑绿色，条痕无色。玻璃光泽，透明至不透明，完全解理，摩氏硬度6，相对密度3.55～3.60。

霓石是碱性岩浆岩的主要造岩矿物，常见于石英正长岩、正长岩和正长伟晶岩中，与霞石、正长石共生；也产于结晶片岩中，可变为绿泥石、褐铁矿等。

▷ **霓石**
产地：非洲 尺寸：16×8×8 cm
与白色长石共生

2.4.23 薔薇辉石

薔薇辉石（rhodonite），化学式为$(Mn,Fe,Mg,Ca)_2[Si_2O_6]$，又名玫瑰石，属三斜晶系的硅酸盐矿物。其不属于辉石族，而是一种似辉石矿物。晶体呈厚板状或板柱状，单晶体少见，可形成聚片双晶；通常呈粒状、块状集合体。颜色淡粉红、玫瑰红至褐红色，是因含锰元素引起的；表面常因氧化形成黑色的锰的氧化物、氢氧化物薄膜；条痕灰色或黄色。玻璃光泽，半透明至不透明，完全解理，参差状断口，摩氏硬度5.5～6.5，相对密度3.4～3.7。

薔薇辉石通常由含锰岩石经区域变质或接触交代变质形成，也见于某些热液矿脉中，与石英、菱锰矿、石榴子石共生。在表生条件下，薔薇辉石极易氧化转变成软锰矿、菱锰矿。

薔薇辉石主要被用作装饰石料或雕刻石料，色泽美丽且透明者可用作宝石材料。

△ **薔薇辉石**
产地：内蒙古赤峰 尺寸：28×18×8 cm

2.4.24 硅孔雀石

硅孔雀石（Chrysocolla），化学式为$(Cu, Al)_2H_2[Si_2O_5](OH)_4 \cdot nH_2O$，属斜方晶系的硅酸盐矿物。针状的晶体相当罕见，通常呈皮壳状、葡萄状、纤维状或辐射状集合体。颜色从蓝、蓝绿到绿色为主，含杂质时可变成褐色、黑色；条痕浅绿色。玻璃光泽、蜡状光泽，土状者呈土状光泽；透明至半透明；无解理；参差状断口；摩氏硬度2.0～4.0；相对密度为1.93～2.40。

硅孔雀石主要产于铜矿床的氧化带中，是含铜硫化物氧化后形成的次生矿物，常与孔雀石、蓝铜矿、赤铜矿、自然铜共生。此外，其也常存在于玉髓中，为部分蓝色或绿色玉髓的致色剂。

硅孔雀石可提炼铜，但并不是重要的铜矿原料。其也可当作装饰材料，少数硅孔雀石被用来收藏或观赏。

▽ **硅孔雀石和孔雀石**
产地：刚果 尺寸：25×12×20 cm

2.4.25 硅灰石

硅灰石（wollastonite），化学式为$Ca_3[Si_3O_9]$，属于三斜晶系的硅酸盐矿物。晶体呈细板状，通常为片状、放射状或纤维状集合体。颜色白色，微带浅灰、浅红色；条痕白色。玻璃光泽，解理面呈珍珠光泽；透明至半透明；完全或中等解理；摩氏硬度4.5～5.5；相对密度2.75～3.10。

硅灰石是一种典型的变质矿物，主要产于酸性岩浆岩与碳酸盐岩的接触带，是构成夕卡岩的主要矿物成分，与符山石、石榴子石共生；也见于深变质的钙质结晶片岩、火山喷出物及某些碱性岩中。

硅灰石具有良好的绝缘性，同时具有很高的白度、较高的耐热性能，因而广泛地应用于造纸、陶瓷、汽车、冶金、化工、塑料、涂料、建材等行业。

▽ **硅灰石**
产地：湖北大冶 尺寸：16×12×7 cm
（中波紫外光下）

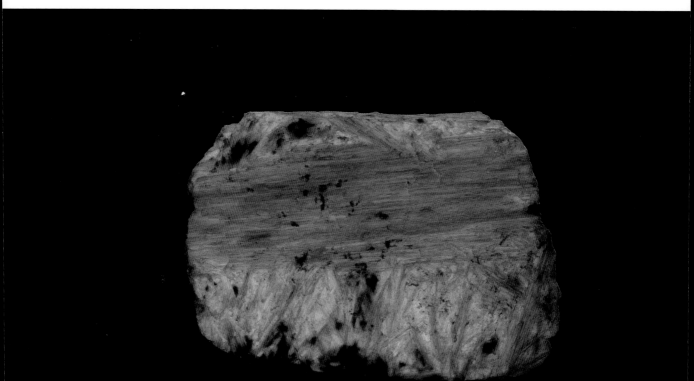

2.4.26 阳起石

阳起石（actinolite），化学式为$Ca_2(Mg,Fe)_5[Si_4O_{11}]_2(OH)_2$，与透闪石为完全类质同像变体，属单斜晶系的硅酸盐矿物，是组成软玉的主要矿物。晶体呈细柱状、针状、毛发状，通常呈柱状、放射状、纤维状集合体。颜色由带浅绿色的灰色至暗绿色，玻璃光泽、丝绢光泽，透明至不透明，完全解理，摩氏硬度5.0～6.0，相对密度2.9～3.0。性脆，折断后的断面不平整，断面可见纤维状或细柱状。

阳起石常由热液蚀变而成，与绿帘石共生；也产于绿片岩相的结晶片岩中。

阳起石用作观赏石及雕刻工艺品、饰物等，是和田玉的主要组成矿物。

▷ 阳起石
产地：日本 尺寸：26×16×10 cm

云母

云母（mica），云母族矿物的通称，是含有钾、铝、镁、铁、锂等元素的硅酸盐矿物。云母族矿物中最常见的矿物种有黑云母、白云母、金云母、锂云母、绢云母等，形态上都为假六方板、片状，细者鳞片状，大者面积达几平方米，也可呈柱状；双晶、穿插三连晶常见。极完全解理，摩氏硬度一般为2.0～3.5，相对密度2.7～3.5。具有绝缘、耐高温、有光泽、物理化学性能稳定以及良好的隔热性、弹性和韧性等特性。

云母在地壳中的分布很广泛，可以在各种地质作用下形成。

2.4.27 白云母

白云母（muscovite），化学式为$KAl_2[(Si_3Al)O_{10}](OH)_2$，属单斜晶系的硅酸盐矿物。颜色从无色、白色到淡的褐、绿、红等色，条痕无色。玻璃光泽，解理面呈珍珠光泽；透明；摩氏硬度2.0～2.5。细小鳞片状的白云母又称绢云母。

白云母是分布很广的造岩矿物之一，在岩浆岩、沉积岩、变质岩中均有产出。风化后可破碎成极细的鳞片，成为砂岩中的碎屑及泥质岩的矿物成分。

在工业上用得最多的是白云母，因其具有良好的绝缘、耐热及化学稳定性能，广泛应用于电器、电子、航空航天领域的绝缘材料，以及用于陶瓷、造纸、橡胶、塑料、珠光颜料、建材、消防等行业。

△ **萤石和白云母**
产地：四川绵阳 尺寸：17×15×19 cm

△ **海蓝宝石和白云母**
产地：巴基斯坦 尺寸：21×15×10 cm

2.4.28 锂云母

锂云母（lepidolite），化学式为$K\{Li_{2-x}Al_{1+x}[Al_{2x}Si_{4-2x}O_{10}](F,OH)_2\}$，其中x=0～0.5，成分变化较大，属单斜晶系的硅酸盐矿物。晶体呈假六方板状，完好者少见；常为短柱状、片状、小鳞片状或大的板状集合体。颜色粉色、浅紫色、玫瑰色并可浅至无色，条痕白色。玻璃光泽，解理面呈珍珠光泽；透明；极完全解理；摩氏硬度2.0～3.0；相对密度2.8～3.1。解理片具弹性。

锂云母主要产于花岗伟晶岩和与花岗岩有关的高温气成热液矿床中，与长石、石英、锂辉石、黄玉、绿柱石、电气石等共生。

锂云母是常见的锂矿物，是提取锂、制造锂化合物的主要矿物原料之一。因常含有铷和铯，也可综合利用。锂云母也用于陶瓷工业。作为玉石材料时称为丁香紫，用于制作玉石工艺品和饰品等。

△ **锂云母**
　产地：巴基斯坦 尺寸：20×18×20 cm
　紫色锂云母与黑色电气石、白色水晶、绿帘石共生

2.4.29 滑石

滑石（talc），化学式为$Mg_3[Si_4O_{10}](OH)_2$，属三斜晶系的硅酸盐矿物。单晶呈假六方或菱形板状片状，少见；通常为致密块状、叶片状、纤维状或放射状集合体。纯者为白色，因含杂质呈各种浅色；条痕白色。玻璃光泽，解理面呈珍珠光泽晕彩；半透明；极完全解理；摩氏硬度1；相对密度2.58～2.83。解理薄片具挠性；具滑腻感，有良好的润滑性能；绝热及绝缘性强。

滑石是热液蚀变矿物，是富镁质超基性岩、白云岩、白云质灰岩等矿物经热液蚀变的产物，故常呈橄榄石、顽火辉石、角闪石、透闪石等矿物假象。

滑石的用途很多，广泛用于陶瓷、造纸、涂料、橡胶、化妆品等行业，也是优质的绝缘耐火材料、润滑剂、农药化肥及雕刻用料等。

△ **滑石**
　产地：山东莱西 尺寸：18×11×6 cm

2.4.30 叶蜡石

叶蜡石（pyrophyllite），化学式为$Al_2[Si_4O_{10}](OH)_2$，有单斜、三斜两种晶系，属硅酸盐矿物。完好晶体少见，通常为叶片状、鳞片状、致密块状、放射状集合体。颜色白色、浅灰色、浅黄色、浅绿色或带有褐、红色调，条痕白色。玻璃光泽，隐晶者呈油脂、蜡状光泽，解理面呈珍珠光泽；半透明；极完全解理；隐晶者贝壳状断口；摩氏硬度1.0~1.5；相对密度2.66~2.90。解理片具挠性，有滑感。

叶蜡石主要是富铝的酸性喷出岩、火山凝灰岩或酸性结晶片岩经热液蚀变作用而成，在低温热液含金石英脉中也有产出。

叶蜡石主要用于造纸、陶瓷、耐火材料、润滑剂、日用化工、橡胶、油漆等工业部门；生活中常用作石笔、裁缝粉笔等；我国也常用作雕刻材料和印章石料。

△ **叶蜡石**
产地：福建寿山 尺寸：12×9×7 cm

2.4.31 蒙脱石

蒙脱石（montmorillonite），又称微晶高岭石、胶岭石，因其最初发现于法国的蒙脱城而得名。其成分复杂，变化较大，化学式为 $(Na,Ca)_{0.3}(Al,Mg)_2[Si_4O_{10}](OH)_2 \cdot nH_2O$，属单斜晶系的硅酸盐矿物。常呈土状隐晶质块状，电镜下为细小鳞片状、絮状、毛毡状。颜色白色，因含杂质而呈浅灰、粉红、浅绿、蓝、褐等色；条痕白色。光泽暗淡，半透明，鳞片状者完全解理，摩氏硬度2.0～2.5，相对密度1.7～2.7。柔软，有滑感。吸水性强，加水后膨胀，体积能增加几倍，并变成糊状物。具有很强的吸附力及阳离子交换性能。

蒙脱石主要由基性岩浆岩在碱性环境中风化形成的次生矿物，也有的是海底沉积的火山灰及凝灰岩分解的产物。蒙脱石是黏土矿物的一种，是构成斑脱岩、膨润土和漂白土的主要成分。

蒙脱石广泛应用于橡胶、颜料、油漆、环保等行业以及石油净化、核废料处理等领域；也用作铸造型砂黏结剂、钻井泥浆以及造纸、涂料、饲料添加剂等。

▽ **蒙脱石**
尺寸: 15×12×7 cm

2.4.32 高岭石

高岭石（gaolinite），化学式为$Al_4[Si_4O_{10}](OH)_8$，属三斜晶系的硅酸盐矿物，因发现于江西景德镇附近的高岭村而得名。在电镜下可见假六方板状、半自形或他形片状晶体，多呈隐晶质致密块状或疏松土状集合体。纯者白色，因含杂质可染成深浅不同的黄、褐、红、绿、蓝等各种颜色；条痕白色。土状光泽或蜡状光泽，完全解理，摩氏硬度2.0～3.5，相对密度2.60～2.63。土状块体具粗糙感，干燥时吸水性强，湿态具可塑性，但加水不膨胀。耐火度高，具良好的绝缘性和化学稳定性。

高岭石是组成高岭土的主要矿物，是黏土矿物的一种。常见于岩浆岩和变质岩的风化壳中，是长石等富铝硅酸盐矿物风化或低温热液交代的产物。

高岭石是陶瓷制品的最基本原料，也用作为耐火材料和造纸、橡胶、塑料制品、油漆、纺织等的充填料或白色颜料。

△ **高岭石**
　尺寸: 9.0×7.5×2.5 cm

2.4.33 硅铁灰石

硅铁灰石（babingtonite），化学式为$Ca_2(Fe,Mn)Fe[Si_5O_{14}(OH)]$，属三斜晶系的硅酸盐矿物。晶体呈短柱状、厚板状、矛头状。颜色深绿色至黑色，条痕灰色，玻璃光泽，透明至不透明，完全解理，摩氏硬度5.0～6.0，相对密度3.3。

硅铁灰石主要产于花岗岩、闪长岩、伟晶岩和洞穴的裂隙面上，也见于片麻岩、夕卡岩中，与绿帘石、石榴子石等共生。

▽ **硅铁灰石**
产地：云南昭通 尺寸：20×32×10 cm
黑色硅铁辉石与水晶、浅绿葡萄石共生

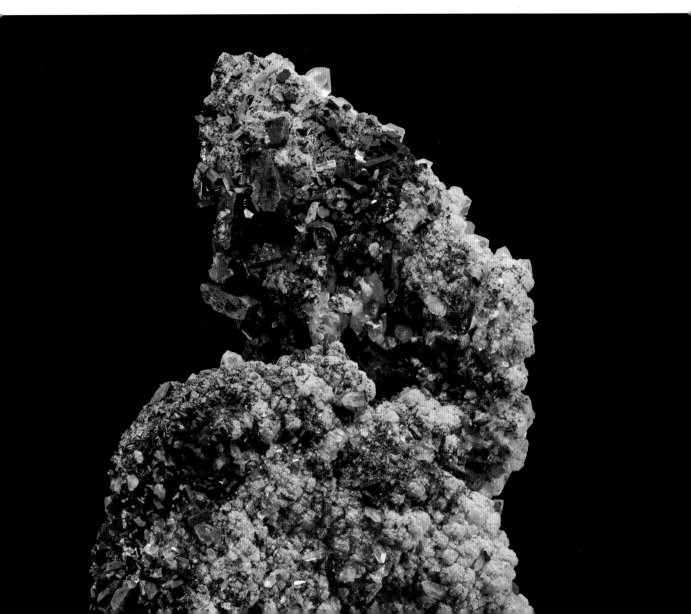

2.4.34 葡萄石

葡萄石（prehnite），化学式为$Ca_2Al[AlSi_3O_{10}](OH)_2$，属斜方晶系的硅酸盐矿物。其晶体结构由我国矿物学家彭志忠首次测定。晶体呈柱状、板状、片状等，通常为葡萄状、放射状、束状或肾状、块状集合体。颜色从浅绿到灰色，还有白、黄、红色等；条痕白色。玻璃光泽，透明至半透明，完全至中等解理，摩氏硬度6.0～6.5，相对密度2.80～2.95。具脆性，偶见猫眼效应。

葡萄石是热液蚀变的产物，主要产在玄武岩和其他基性喷出岩的气孔和裂隙中，常与沸石类矿物、符山石、黑云母等共生。

质量好的葡萄石可作宝石及雕刻材料，被称为好望角祖母绿。

▽ **葡萄石**
产地：云南昭通 尺寸：26×20×6 cm
绿色球状葡萄石与白色水晶、黑色硅铁灰石共生

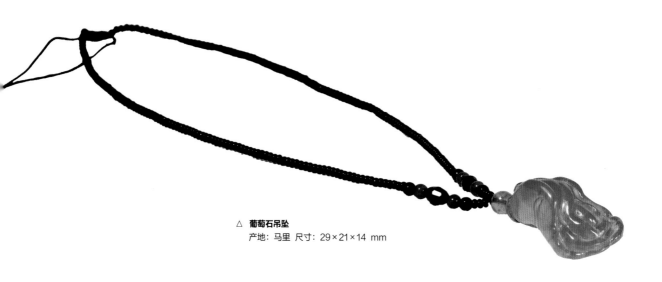

△ **葡萄石吊坠**
产地：马里 尺寸：29×21×14 mm

△ **葡萄石手链**
产地：马里 尺寸：粒径10 mm

△ **黄色葡萄石戒面**
产地：马里 9.53克拉

△ **葡萄石戒面**
产地：马里 18.15克拉

长石

长石（feldspar），是长石族矿物的总称，是含钠、钙、钾和钡的铝硅酸盐，成分中类质同像置换普遍，种类包括正长石、透长石、微斜长石、钠长石、钙长石等。

长石族矿物在岩浆岩、变质岩、沉积岩中都可出现，是重要的造岩矿物，对于岩石的分类具有重要意义。

富含钾、钠的长石主要用于陶瓷、玻璃及搪瓷工业；含有铷和铯等稀有元素者可作为提取这些元素的矿物原料；色泽美丽者可作为宝玉石材料或装饰石料。

2.4.35 钠长石

钠长石（albite），化学式为$Na[AlSi_3O_8]$，与钙长石$Ca[Al_2Si_2O_8]$组成斜长石类质同像系列的端员矿物，属三斜晶系的硅酸盐矿物。晶体呈板状或片状，常形成聚片双晶、卡斯巴双晶。颜色一般白色至灰白色，含杂质时可呈淡红、黄、绿等色；条痕白色。玻璃光泽，透明至半透明，完全解理，摩氏硬度6.0～6.5，相对密度2.61～2.76。

钠长石广泛产于各种酸性岩浆岩和细碧岩中，也常见于低级变质岩中。

△ **钠长石**
　产地：四川绵阳 尺寸：18×12×10 cm

△ **钠长石**
　产地：山东崂山 尺寸：17×17×7 cm

2.4.36 天河石

天河石（amazonite），化学式为$(K,Rb,Cs)[AlSi_3O_8]$，属三斜晶系的硅酸盐矿物，是微斜长石的亮绿到亮蓝绿色的变种。玻璃光泽，解理面有时呈珍珠光泽；半透明至透明；摩氏硬度6；相对密度2.53～2.56。

天河石可用于提取稀有元素铷、铯的矿物原料，以及用于雕刻工艺品、装饰品或作为宝石材料。

▽ **天河石**
　产地：新疆 尺寸：20×9×18 cm

2.4.37 方钠石

方钠石（sodalite），又称苏达石，化学式为$Na_4(Si_3Al_3)O_{12}Cl$，属等轴晶系的硅酸盐矿物。晶体呈菱形十二面体，少见；常以粒状、块状、结核状集合体产出。颜色通常呈浅蓝色到深蓝色。少数为白、绿、红、紫或灰色；条痕无色或非常浅的蓝色。玻璃光泽，断口油脂光泽；透明至半透明；中等解理；参差状至贝壳状断口；摩氏硬度5.5～6.0；相对密度2.27～2.33。性脆。在紫外光下，常发出橙色或橙红色的荧光。加热融化时，会发泡而变为无色的玻璃状。

方钠石在自然界较为罕见，主要产在富钠的碱性侵入岩或接触变质的夕卡岩中，常与霞石、长石等共生。

△ **方钠石**
产地：加拿大 尺寸：12×9×5 cm

2.4.38 青金石

青金石（lazurite），化学式为$Na_7Ca[Al_6Si_6O_{24}](SO_4)(S_3)·H_2O$，常含有黄铁矿、方解石、透辉石等矿物杂质，属等轴晶系的硅酸盐矿物。晶体呈菱形十二面体，少见；通常呈致密块状、粒状集合体。颜色蓝色、紫蓝色、天蓝色、绿蓝色等，常含星点状分布的淡金色黄铁矿与白色斑状、细脉状方解石；条痕浅蓝色。玻璃光泽或蜡状光泽，半透明至不透明，不完全解理，摩氏硬度5.0～6.0，相对密度2.38～2.45。具荧光性，在长波紫外光下发出橙色荧光，在短波紫外光下发出白色荧光。

青金石由接触交代作用形成，产于岩浆岩与灰岩的接触带中，与金云母、透辉石、硅镁石、镁橄榄石等共生。青金石是青金岩的主要矿物成分。

青金石用于工艺品雕刻和制作首饰等，其粉末可制成群青色绘画颜料。

△ **青金石**
产地：阿富汗 尺寸：27×15×13 cm

△ **青金石手链**
产地：巴基斯坦 尺寸：粒径10 mm

2.4.39 鱼眼石

鱼眼石（apophyllite），化学式为$(K,Na)Ca_4[Si_8O_{20}](F,OH)\cdot 8H_2O$，属四方晶系的硅酸盐矿物。因其解理面呈现的珍珠光泽，类似鱼眼的反射光，所以得名。晶体呈柱状、板状、双锥状或等轴状，集合体呈粒状、板状、叶片状、晶簇状。颜色常为无色、白色及黄、绿、蓝、紫和粉红等色；条痕无色或浅褐色。玻璃光泽，解理面珍珠光泽；透明至半透明；完全解理；摩氏硬度4.5～5.0；相对密度2.3～2.4。

鱼眼石形成于热液矿脉以及基性喷出岩（玄武岩、辉绿岩等）的气孔中，伴生的矿物有沸石、白硅钙石、方解石、石英、黄铁矿、葡萄石等。

2.4.40 沸石

沸石（zeolite），是沸石族矿物的总称，化学通式为$A_mX_pO_{2p}\cdot nH_2O$，其中A代表K、Na、Ca、Sr、Ba等，X代表Si、Al，属含水的铝硅酸盐矿物。已知天然沸石有30多种，化学组成及晶体形态变化较大，呈纤维状、束状、柱状、板状，也有一部分为粒状。纯净者无色或白色，因混入杂质而呈各种浅色。玻璃光泽；摩氏硬度3.5～5.5；相对密度1.9～2.3，含钡的则可达2.5～2.8。灼烧时会产生沸腾现象，因此得名。

沸石族矿物常见于喷出岩，特别是玄武岩的孔隙中，也见于沉积岩、变质岩及热液矿床和某些近代温泉沉积中。

沸石被用作离子交换剂、吸附分离剂、干燥剂、催化剂、水泥混合材料，广泛应用于工业、农业、国防等部门。

△ **鱼眼石**
产地：印度 尺寸：14×8×7 cm
大晶体绿色鱼眼石与粉色沸石共生

△ **沸石和鱼眼石**
产地：印度 尺寸：34×25×15 cm
肉粉色沸石与白色片状透明鱼眼石共生

◁ **沸石和鱼眼石晶洞**
产地：印度 尺寸：43×30×28 cm
淡黄色鱼眼石与肉粉色片沸石，白色、蓝色沸石共生

2.4.41 异极矿

异极矿（hemimorphite），化学式为$Zn_4[Si_2O_7](OH)_2·H_2O$，属斜方晶系的硅酸盐矿物。晶体两端晶面形态不一，因此得名。晶体呈板状、斜方柱状等，比较少见；通常为皮壳状、肾状、钟乳状、放射状、纤维状、球状等的集合体。颜色多为无色、蓝色及蓝绿色，也可呈白、灰、浅绿、浅黄、棕等色；条痕无色。玻璃光泽或丝绢光泽，解理面珍珠光泽；透明至半透明；一组完全解理，一组不完全解理；摩氏硬度4.0～5.0；相对密度3.4～3.5。具强热电性，遇酸能形成胶状体。

异极矿为次生矿物，主要产于铅锌硫化物矿床的氧化带，呈脉状产出，与菱锌矿、白铅矿、褐铁矿等共生；也产于石灰岩内。异极矿的稳定上限为250℃，超过此温度即转变成硅锌矿（$Zn_2[SiO_4]$）。

异极矿是重要的锌矿石，可提取金属锌用于镀锌行业以及冶金、机械、电气、化工、军事等领域；也常作为矿晶收藏。

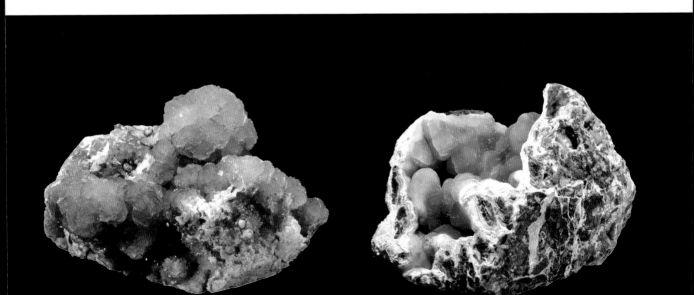

2.4.42 香花石

香花石（hsianghualite），是中国地质学家发现的第一种新矿物，以发现地湖南省临武县香花山命名；化学式为$Ca_3Li_2[BeSiO_4]_3F_2$，属等轴晶系的硅酸盐矿物。晶体较小者（直径0.2~2 mm）呈立方体、四面体、菱形十二面体等形态，多呈细粒状集合体；晶粒大者（5~7 mm）出现单形较少。颜色无色、乳白色微带黄色，玻璃光泽，透明至半透明，不完全解理，摩氏硬度6.5，相对密度2.9~3.0。性脆。

香花石产于湖南泥盆系花岗岩与石灰岩接触带的含铍绿色和白色的条纹岩中，其晶体产于白色条纹岩中的黑云母脉内，与锂铍石、铍镁晶石、金绿宝石、萤石、方解石、锡石等共生。

△ **香花石**
产地：湖南郴州 尺寸：8×4×3 cm 米黄色香花石带黑色围岩

2.4.43 红硅钙锰矿

红硅钙锰矿（inesite），化学式为$Ca_2Mn_7Si_{10}O_{28}(OH)_2·5H_2O$，属三斜晶系的硅酸盐矿物。晶体呈柱状、板状，常为束状、放射状、脉状集合体。颜色有玫瑰红、粉红、橘红至红棕等色，条痕白色，玻璃光泽或丝绢光泽，透明，完全解理，参差状断口，摩氏硬度5.5～6.0，相对密度3.03。

红硅钙锰矿产于热液和接触变质类矿床，一般用于矿物研究与收藏。

2.4.44 湖北石

湖北石（hubeite），化学式为$Ca_2MnFe[Si_4O_{12}](OH)·2H_2O$，属三斜晶系的硅酸盐矿物。晶体呈楔形，最大单晶约5 mm，常为晶簇及放射状、脉状集合体。颜色浅至深棕色，条痕淡橙褐色，玻璃光泽，透明，完全解理，贝壳状断口，摩氏硬度5.5，相对密度3.02。性脆。

湖北石产于湖北黄石地区的大冶冯家山矿，与红硅钙锰矿、鱼眼石、石英、方解石、黄铁矿共生。

◁ **红硅钙锰矿和湖北石**
产地：湖北大冶　尺寸：13×12×12 cm
与水晶、鱼眼石共生

2.5 含氧盐矿物（二）

除硅酸盐外，其他的含氧盐矿物包括碳酸盐、硫酸盐、磷酸盐、砷酸盐、钼酸盐、钒酸盐、钨酸盐等，是钙、镁、铁、铜、锌、钡、锰等金属阳离子与络阴离子（含氧酸根）$[CO_3]^{2-}$、$[SO_4]^{2-}$等相结合而形成的盐类化合物。

2.5.1 方解石

方解石（calcite），化学式为$Ca[CO_3]$，属三方晶系的碳酸盐矿物。常含锰、铁、锌、镁、铅、钡、锶等类质同像替代物；当它们达一定的量时，可形成锰方解石、铁方解石、锌方解石、镁方解石等变种。晶体常为菱面体、六方柱状、复三方偏三角面体等，形态多样并形成各种聚形，常形成双晶；集合体形态也多种多样，有片状、纤维状、块状、粒状、土状、钟乳状、结核状、葡萄状、晶簇状等。颜色白色、无色或黄、红、紫、绿、褐、黑等色；条痕白色到灰色。玻璃光泽；透明至半透明；三组完全解理，敲击易形成菱形碎块，故名方解石；摩氏硬度3；相对密度2.6～2.9。性脆；遇冷稀盐酸剧烈起泡，释放出二氧化碳；部分具发光性。

方解石分布广泛，岩浆作用、热液作用、变质作用、沉积作用、风化作用都能形成。

方解石是石灰岩、大理岩、白垩等岩石的主要矿物，广泛应用于化工、冶金、建筑等工业部门，如用于烧石灰、制水泥、冶金熔剂、造纸填料等。石灰岩、大理岩可用作装饰材料。无色透明的方解石也叫冰洲石，是重要的光学仪器材料。

△ **方解石**
　　产地：湖北大冶 尺寸：24×19×13 cm

△ **方解石**
　　产地：河南信阳 尺寸：45×32×10 cm

 方解石
产地：云南文山 尺寸：21×11×23 cm

▷ **方解石**
产地：湖北大冶 尺寸：43×24×17 cm

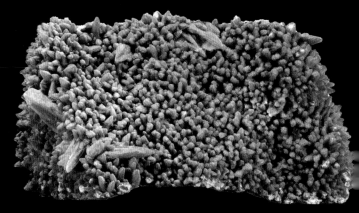

 方解石
产地：云南文山 尺寸：24×16×14 cm

▷ **方解石**
　产地：福建泉州 尺寸：30×22×15 cm

△ **方解石**
　产地：湖南郴州 尺寸：22×13×26 cm

△ **方解石**
　产地：广西河池 尺寸：29×22×39 cm

◁ **方解石**
　产地：广西贺州 尺寸：46×32×30 cm

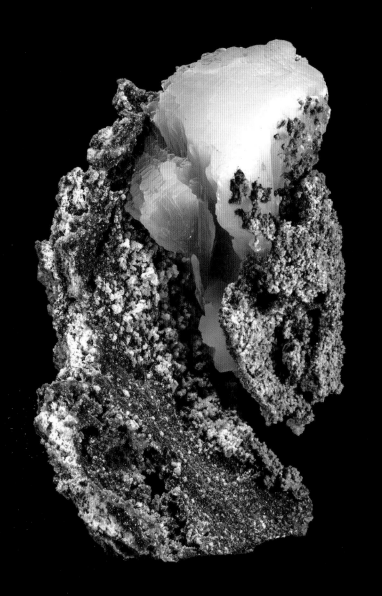

△ **锰方解石**
　　产地：内蒙古赤峰　尺寸：28×20×22 cm

 方解石
　　产地：福建泉州　尺寸：28×21×40 cm

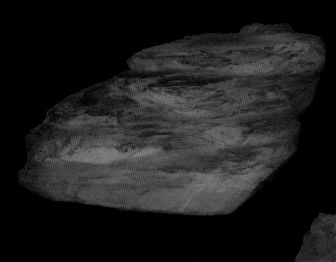

◁ 锰方解石
　产地：内蒙古赤峰　尺寸：20×14×10 cm
　（长波紫外光下）

△ 方解石
　产地：湖南郴州　尺寸：23×14×13 cm
　（中波紫外光下）

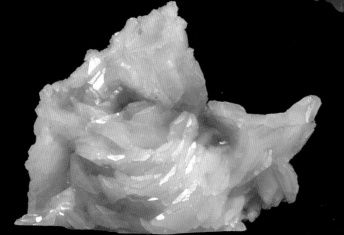

△ 锰方解石
　产地：湖南郴州　尺寸：33×26×11 cm

△ 钡方解石
　产地：英国　尺寸：14×13×6 cm
　（短波紫外光下）

△ 冰洲石
　产地：墨西哥　尺寸：6×5×3 cm
　（长波紫外光下）

2.5.2 文石

文石（aragonite），又称霰石，化学式为$Ca[CO_3]$，与方解石呈同质二像，属斜方晶系的碳酸盐矿物。晶体呈斜方柱状、斜方双锥或矛状，常见假六方对称的三连晶；集合体多呈纤维状、皮壳状、鲕状、豆状、钟乳状、球状与晶簇状等。颜色呈白色、黄白色或浅绿、灰等色；玻璃光泽，断口油脂光泽；透明；无解理或有时不完全至中等解理；贝壳状断口；摩氏硬度3.5～4.5；相对密度2.9～3.3。

在自然界，文石远少于方解石，主要于低温热液和外生作用条件下形成。在热液矿床、温泉沉淀物中也有产出。外生作用条件下，产于近代海底沉积或黏土中。自然界中文石不稳定，常转变为方解石。某些贝壳和珍珠的主要成分也是文石，是生物化学作用的产物，不属于矿物的范畴。

文石中品质较佳者，经加工打磨后呈现美丽的同心圆花纹，称为文石眼，可制成饰品、印材等。

▽ **文石晶洞**
产地：云南巍山 尺寸：80×70×54 cm

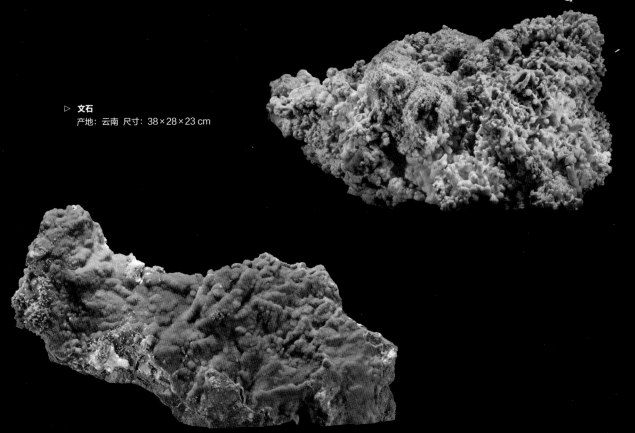

▷ **文石**
产地: 云南 尺寸: 38×28×23 cm

△ **文石**
产地: 云南腾冲 尺寸: 60×16×37 cm

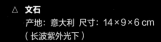

△ **文石**
产地: 意大利 尺寸: 14×9×6 cm
（长波紫外光下）

◁ **文石**
产地: 贵州晴隆 尺寸: 53×40×36 cm

2.5.3 菱铁矿

菱铁矿（siderite），化学式为$Fe[CO_3]$，经常有锰、镁等元素替代铁，形成锰菱铁矿、镁菱铁矿等变种，属三方晶系的碳酸盐矿物。晶体呈菱面体状，集合体呈粒状、块状、土状、结核状。颜色一般呈灰白或黄白色，风化后呈褐色、棕红色、褐黑色；条痕淡黄色。玻璃光泽；透明至半透明；完全解理；摩氏硬度3.5～4.5；相对密度2.9～4.0，随成分中锰和镁含量的升高而降低。

菱铁矿是一种分布比较广泛的矿物，热液成因者可成单独矿脉或与铁白云石、方铅矿、闪锌矿、黄铜矿等共生；沉积成因者常见于黏土或页岩层、煤层中，呈胶状、鲕状、结核状，与鲕状赤铁矿、鲕绿泥石和针铁矿等共生。在氧化带易水解成褐铁矿等，形成"铁帽"。

菱铁矿大量聚集而且硫、磷等有害杂质的含量小于0.04%时，可作为铁矿石开采。

△ **菱铁矿**
产地：贵州六盘水 尺寸：11.5×9.0×16.0 cm
与白色白云石共生

2.5.4 菱锰矿

菱锰矿（rhodochrosite），化学式为Mn[CO₃]，常含有铁、钙、锌等元素并形成相应的变种，属三方晶系的碳酸盐矿物。完整的菱面体、偏三角面体晶形少见，通常为粒状、柱状、肾状、葡萄状、钟乳状、结核状、土状集合体。颜色由粉红色至淡紫红色，也呈黄、灰白、褐黄等色，氧化后表面呈褐黑色；条痕白色。玻璃光泽，透明至半透明，完全解理，参差状断口，摩氏硬度3.5～4.5，相对密度3.6～3.7。性脆。

菱锰矿在热液、沉积及变质条件下均能形成，但以外生沉积为主。海相沉积锰矿床以菱锰矿为主要矿物形成沉积层；也是硫化物矿脉、热液交代、接触变质矿床的常见矿物，与萤石、方解石等共生。

菱锰矿是提取锰、制造锰合金和锰化合物等的矿物原料。色泽艳丽者可用作宝玉石和饰品材料。

△ **菱锰矿和水晶**
  产地：广西梧州 尺寸：14×12×7 cm
  与萤石、黄铁矿共生

2.5.5 菱锌矿

菱锌矿（smithsonite），化学式为$Zn[CO_3]$，常含铁、锰等元素，属三方晶系的碳酸盐矿物。菱面体晶体少见，通常呈粒状、葡萄状、钟乳状、肾状、土状集合体。颜色有白、灰、黄、蓝、绿、粉红及褐等多种颜色；条痕白色。玻璃光泽或珍珠光泽，透明至半透明，完全解理，参差状至贝壳状断口，摩氏硬度4.25～5.00，相对密度4.0～4.5。溶于盐酸，产生气泡。

菱锌矿产于铅锌矿床氧化带，是闪锌矿氧化后形成的次生矿物，常与针铁矿、孔雀石、异极矿、白铅矿等伴生。

在人们发现闪锌矿之前，菱锌矿一直被作为锌的主要来源。大量聚集时仍可作为提炼锌的重要矿物原料。色美者可作为装饰之用。

△ 菱锌矿
产地：广东连州 尺寸：15×10×3 cm

△ 菱锌矿
产地：云南 尺寸：27×24×14 cm

2.5.6 白铅矿

白铅矿（cerussite），化学式为$Pb[CO_3]$，属斜方晶系的碳酸盐矿物。晶体为板状、片状或假六方双锥状，常形成贯穿双晶；集合体多为粒状、致密块状、钟乳状、皮壳状或土状。颜色无色、白色或带浅灰、浅黄、褐、蓝绿等色；条痕白色。玻璃至金刚光泽，断口呈油脂光泽；透明至半透明；中等至不完全解理；贝壳状断口；摩氏硬度3.0～3.5；相对密度6.4～6.6。性脆。遇盐酸起泡。

白铅矿是方铅矿在地表氧化后的次生矿物，常见于含铅或铅锌矿床氧化带，与方铅矿、磷氯铅矿、铅矾伴生。

白铅矿大量聚集可作为铅矿石开采，常可作为找矿标志，富含银时也可作为银的矿石开采。其也曾被用作白色颜料。

▽ **白铅矿**
产地：广西桂林 尺寸：37×28×10 cm

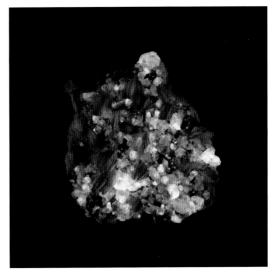

△ **白铅矿(黄)方解石(红)**
产地：摩洛哥 尺寸：8×7×3 cm（长波紫外光下）

2.5.7 水锌矿

水锌矿（hydrozincite），又称锌华，化学式为$Zn_5(CO_3)_2(OH)_6$，属单斜晶系的碳酸盐矿物。晶体呈薄片状、纤维状，集合体呈致密块状、钟乳状、皮壳状或肾状。颜色白色、灰色或淡黄色、浅褐色、浅紫色等，条痕白色，丝绢光泽、珍珠光泽、土状光泽，透明至半透明，完全解理，摩氏硬度4.0～4.5，相对密度3.5～4.0。性脆。紫外光下发蓝白色、淡紫色荧光，易溶于酸。

水锌矿是地表氧化带分布较广泛的矿物，为闪锌矿的次生矿物，与菱锌矿、绿铜锌矿、白铅矿、方解石、褐铁矿等共生。

水锌矿可用于炼锌及制备各种锌化合物。

△ **水锌矿**
   产地：美国 尺寸：10×10×8 cm （A自然光下 B短波紫外光下）

2.5.8　白云石

　　白云石（dolomite），化学式为$CaMg[CO_3]_2$，常有铁、锰等类质同像替代镁形成铁白云石或锰白云石，属三方晶系的碳酸盐矿物。晶体呈菱面体状，晶面常弯曲成马鞍状，聚片双晶常见；集合体通常呈粒状、致密块状、肾状等。颜色无色、白色、灰色至淡红色，含铁时风化后呈褐色；条痕白色。玻璃光泽；透明至半透明；完全解理，解理面常弯曲；摩氏硬度3.5～4.0；相对密度2.84～2.90。遇冷稀盐酸时缓慢起泡。紫外光下发橙、蓝、绿、绿白色荧光。

　　白云石分布广泛，是组成白云岩和白云质灰岩的主要矿物成分，主要有沉积和热液两种成因。沉积成因的白云石常见于海相盆地，形成巨厚层白云岩，或与菱铁矿层、石灰岩层呈互层产出。形成于热液交代或由热液直接结晶者，是构成岩浆成因碳酸岩的主要矿物。

　　白云石主要用作碱性耐火材料、高炉炼铁的熔剂。部分白云石可用于提取镁的矿物原料，广泛应用于建材、冶金、化工、陶瓷、玻璃、农业、环保、节能等领域。

▽ **白云石和红水晶、黄铜矿**
产地：江西东乡　尺寸：30.0×7.5×15.0 cm

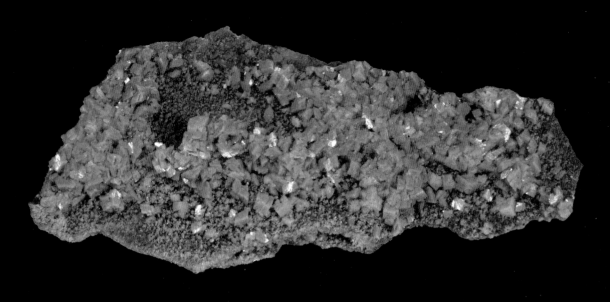

△ **白云石**
产地：湖南泸溪 尺寸：50×22×16 cm
与水晶共生

△ **白云石**
产地：瑞典 尺寸：14×13×6 cm（短波紫外光下）

2.5.9 孔雀石

孔雀石（malachite），又称铜绿或石绿，化学式为$Cu_2[CO_3](OH)_2$，属单斜晶系碳酸盐矿物。晶体呈柱状、针状或纤维状，通常呈晶簇状、钟乳状、肾状、葡萄状、皮壳状、粉末状、土状集合体；在肾状集合体内具同心层状或放射纤维状构造，由深浅不同的绿、白色环带组成。颜色一般为绿色，但色调变化较大，可呈暗绿、鲜绿至白色；条痕浅绿色。玻璃至金刚光泽，纤维状者呈丝绢光泽；透明至半透明；完全解理；贝壳状至参差状断口；摩氏硬度为3.5～4.0；相对密度为4.0～4.5。性脆。遇盐酸起泡。

孔雀石产于铜矿床氧化带，是含铜硫化物氧化的次生产物，常与蓝铜矿、辉铜矿、赤铜矿、褐铁矿等共生；常依蓝铜矿、自然铜、黄铜矿等矿物形成假象。

孔雀石大量产出时可作为铜矿石利用，质纯色美者可作为装饰品及工艺品原料，也可用于绿色颜料、制烟火等。

▽ **孔雀石**
产地：刚果 尺寸：24×11×18 cm

◁ **孔雀石**
　　产地：安徽池州　尺寸：21×15×14 cm
　　与片状蓝铜矿共生

▷ **孔雀石**
　　产地：安徽池州　尺寸：12×8×18 cm
　　与蓝铜矿共生

△ **孔雀石**
产地: 美国 尺寸: 11.0×10.5×2.0 cm

△ **孔雀石**
尺寸: 9.0×8.5×1.5 cm

△ **孔雀石手链**
产地: 湖北大冶 尺寸: 粒径14 mm

△ **孔雀石平安扣**
产地: 湖北大冶 尺寸: 直径42 mm

2.5.10 蓝铜矿

蓝铜矿（azurite），又称石青，化学式为$Cu_3[CO_3]_2(OH)_2$，属单斜晶系的碳酸盐矿物。晶体常呈柱状、短柱状或厚板状，集合体呈致密块状、晶簇状、放射状、钟乳状、皮壳状、薄膜状或土状。颜色深蓝色，土状块体为浅蓝色；条痕为浅蓝色。晶体呈玻璃光泽，土状块体呈土状光泽；透明至半透明；完全或中等解理；贝壳状断口；摩氏硬度3.5～4.0；相对密度3.7～3.9。性脆。

蓝铜矿产于铜矿床氧化带、"铁帽"及近矿的围岩裂隙中，是含铜硫化物氧化的次生产物，常与孔雀石共生或伴生。蓝铜矿因风化作用易转变成孔雀石，使孔雀石依蓝铜矿呈假象。

蓝铜矿大量产出时可作为铜矿石利用；也用作蓝色颜料、制作工艺品；还可作为寻找原生铜矿的标志。

△ **蓝铜矿**
产地：安徽铜陵 尺寸：22×13×13 cm
球状蓝铜矿与孔雀石共生

△ 蓝铜矿和孔雀石
产地：安徽池州

2.5.11 重晶石

重晶石（barite），化学式为$Ba[SO_4]$，与天青石为完全类质同像，属斜方晶系的硫酸盐矿物。晶体呈厚板状或柱状，多为致密块状、板状、粒状集合体。纯净的晶体无色透明，一般为白色、灰白色、浅黄色、浅褐色等；条痕白色。玻璃光泽，透明至半透明，完全解理，摩氏硬度3.0～3.5，相对密度4.3～4.5。

重晶石主要产于低温热液矿脉中，如石英和重晶石脉、萤石和重晶石脉等，常与方铅矿、闪锌矿、黄铜矿、辰砂等共生；也可产于沉积岩中，呈结核状出现，多存在于沉积锰矿床和浅海的泥质、砂质沉积岩中。重晶石也产于风化残余矿床的残积黏土覆盖层内，常呈结核状、块状。

重晶石主要用于提取钡与钻井泥浆加重剂，还可用于化工、造纸、纺织填料、玻璃助熔剂等，并可用作白色颜料。

△ **重晶石**
产地：黑龙江 尺寸：24×16×17 cm

△ 重晶石
产地：江西 尺寸：17×19×14 cm

△ **重晶石**
产地：湖南岳阳 尺寸：21×16×10 cm

2.5.12 天青石

天青石（celestite），化学式为$Sr[SO_4]$，属斜方晶系的硫酸盐矿物。晶体常呈板状、柱状，多为粒状、钟乳状、结核状、纤维状集合体。纯净的晶体呈浅蓝色或天蓝色，因此得名，有些也呈绿色、黄绿色、橙色或无色等；条痕白色。玻璃光泽，解理面呈珍珠光泽；透明至半透明；完全解理；摩氏硬度为3.0～3.5；相对密度3.9～4.0。性脆。

天青石主要以沉积型为主，产于白云岩、石灰岩、泥灰岩和含石膏黏土等沉积岩中；也见于热液矿床中。

天青石是提炼锶和制备锶化合物的矿物原料，用于制作显像管的屏幕、特种玻璃、红色焰火和信号弹等。

△ **天青石**
产地：马达加斯加 尺寸：15×15×14 cm

△ **天青石**
产地：马达加斯加 尺寸：27×23×20 cm

2.5.13 石膏

石膏（gypsum），又称二水石膏、生石膏等，化学式为 $Ca[SO_4]\cdot 2H_2O$，属单斜晶系的硫酸盐矿物。晶体常呈板状、粒状，晶面常具纵纹，常形成燕尾双晶、箭头双晶；集合体多呈致密块状、纤维状、土状、粒状、片状。颜色通常为白色、无色，含杂质而呈灰、浅黄、浅绿、浅褐等色；条痕白色。玻璃光泽，解理面珍珠光泽，纤维状者呈丝绢光泽；透明；极完全解理；贝壳状断口；摩氏硬度1.5～2.0，不同方向稍有变化；相对密度2.3。性脆，解理片具挠性。

石膏主要为化学沉积作用的产物，常形成巨大的矿层或透镜体赋存于石灰岩、红色页岩和砂岩、泥灰岩及黏土岩层中，常与硬石膏、石盐等共生。热液成因者少见，通常存在于低温热液硫化物矿床中。

石膏用途广泛，主要用于生产硅酸盐水泥、熟石膏及其制品，应用于雕塑、建筑材料及陶瓷、造纸、油漆等领域。透石膏可用于光学仪器。

△ **石膏**
产地：云南巍山 尺寸：12×41×7 cm

△ **石膏**
　产地：贵州晴隆 尺寸：20×15×14 cm

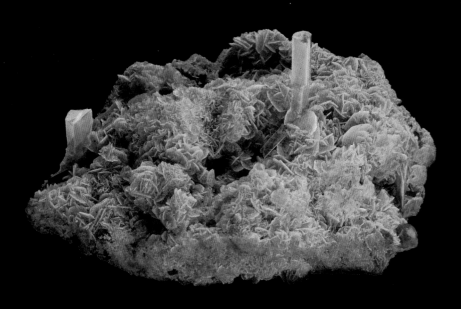

△ **石膏**
　产地：秘鲁 尺寸：15×10×9 cm（长波紫外光下）

2.5.14 绒铜矿

绒铜矿（cyanotrichite），化学式为$Cu_4Al_2[SO_4](OH)_{12}·2H_2O$，又称绒铜矾，属斜方晶系的硫酸盐矿物。晶体为细小的针状、纤维状，集合体为放射状、球体、簇状、皮壳状或纤维状细脉。颜色由浅蓝至深蓝色，条痕浅蓝色，丝绢光泽，半透明，无解理，参差状断口，摩氏硬度3.0～4.5，相对密度2.74～2.95。

绒铜矿是一种稀少的次生铜矿物，形成于各种铜矿床的氧化带。因产量稀少和特殊的颜色光泽而用于矿晶收藏与研究。

△ **绒铜矿**
产地：贵州晴隆 尺寸：31×15×13 cm
与白色石膏伴生

2.5.15 氟铝石膏

氟铝石膏（creedite），化学式为$Ca_3Al_2[SO_4](OH)_2F_8·2H_2O$，也称铝氟石膏，属单斜晶系的硫酸盐矿物，比较稀少。晶体呈短柱状或针状，集合体呈放射状、瘤状、粒状和团块状。颜色无色、白色、粉红色、橙色、紫色，条痕白色，玻璃光泽，透明至半透明，完全解理，摩氏硬度4，相对密度2.71。性脆。

氟铝石膏由金属硫化物矿床氧化带中的萤石风化分解并与围岩中的钙、铝结合形成。

 氟铝石膏
产地：贵州晴隆 尺寸：24×9×19 cm

2.5.16 磷灰石

磷灰石（apatite），化学式为$Ca_5[PO_4]_3(F,OH)$，是一系列磷酸盐矿物的总称，如氟磷灰石、氯磷灰石、羟磷灰石等。常见的氟磷灰石为一般所指的磷灰石，属六方晶系。晶体呈六方短柱状、柱状、厚板状、板状，集合体为致密块状、粒状、结核状。纯净者无色透明，常呈浅绿色、黄绿色、褐红色、浅紫色，含有机质呈深灰至黑色；条痕白色。玻璃光泽，断口呈油脂光泽；透明至半透明；无解理；断口不平坦；摩氏硬度5；相对密度3.18～3.21。性脆。加热后常具磷光。

磷灰石在沉积岩、沉积变质岩及碱性岩中皆可形成巨大的有工业价值的矿床，是磷块岩的主要成分。在各种岩浆岩及花岗伟晶岩中呈副矿物。由生物化学作用形成的海岛鸟粪层磷矿，主要成分为羟磷灰石，规模也很大。

磷灰石是提取磷，制造磷酸、磷肥和各种磷酸盐的重要矿物原料，用于食品、火柴、染料、制糖、陶瓷、国防等工业部门。含稀土元素时可综合利用。透明而色泽丽润的晶体可作宝石。

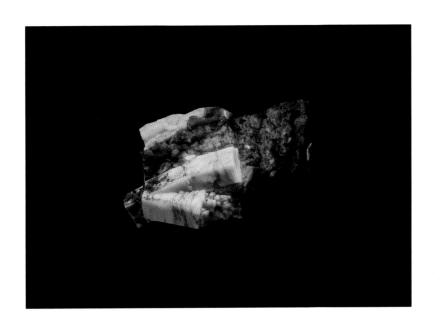

◁ **磷灰石**
产地：巴基斯坦 尺寸：7×4×3 cm
（中波紫外光下）

△ **磷灰石**
　产地：湖南郴州　尺寸：10×6×3.5 cm
　与紫色萤石、白云石共生

2.5.17 磷氯铅矿

磷氯铅矿（pyromorphit），化学式为$Pb_5[PO_4]_3Cl$，属六方晶系的磷酸盐矿物。晶体呈六方短柱状、六方双锥状、桶状或针状，集合体常为晶簇状、球状、粒状、肾状。颜色为深浅不同的绿色、黄色、褐色、灰色、白色、橙红色等，条痕白色带黄，树脂光泽至金刚光泽，透明至半透明，摩氏硬度3.5~4.0，相对密度6.5~7.1。性脆。

磷氯铅矿主要产于铅锌矿床氧化带，是地表水中所含的磷酸与含铅矿物作用的产物，常与砷铅矿、钒铅矿、白铅矿、铅矾、菱锌矿、异极矿、褐铁矿等伴生。

磷氯铅矿是提炼铅的矿物原料之一。形态颜色好的晶体具有观赏性，可用作矿晶收藏。

△ **磷氯铅矿**
产地：广西桂林 尺寸：20×15×7 cm

2.5.18 蓝铁矿

蓝铁矿（vivianite），化学式为$Fe_3[PO_4]_2\cdot 8H_2O$，铁常被镁、锰等金属离子所取代，属单斜晶系的磷酸盐矿物。晶体通常呈扁平、细长的柱状或板状，集合体为放射状、肾状、球状、结核状、土状。新鲜者无色透明，在空气中氧化为浅蓝色、浅绿色至深蓝色、暗绿色或蓝黑色；条痕白色或蓝绿色。玻璃光泽，极完全解理，纤维状、参差状断口，摩氏硬度1.5～2.0，相对密度2.6～2.7。

蓝铁矿作为次生矿物在许多地质环境中普遍出现，主要见于富含磷的沉积铁矿与泥炭中，常与菱铁矿及其他低价铁矿物共生。

蓝铁矿常用于生产磷肥和染料，其肥效比过磷酸钙高4~6倍，也常用于矿物收藏。

△ **蓝铁矿**
产地：巴西 尺寸：21×13×11 cm

2.5.19 银星石

银星石（wavellite），化学式为$Al_3[PO_4]_2(OH,F)_3\cdot 5H_2O$，属斜方晶系磷酸盐矿物。晶体一般呈柱状或针状，柱长最大3～5 mm，一般为0.5～1.0 mm；集合体呈球状、放射状晶簇或皮壳状、块状。颜色有白、绿、蓝、黄、粉红等色，条痕白色。玻璃光泽或油脂光泽，解理面珍珠光泽；透明至半透明；摩氏硬度3.5～4.0；相对密度2.36。性脆。

银星石为常见的磷酸盐矿物，由含磷的水溶液作用于富铝矿物氧化而成，多产于岩石的表面或裂隙内，少量形成于热液矿脉晚期。

银星石可用于矿物收藏与研究。

▽ **银星石**
产地：美国 尺寸：18×10×9 cm

2.5.20 绿松石

绿松石（turquoise），因其色、形似碧绿的松果而得名，化学式为$CuAl_6[PO_4]_4(OH)_8·4H_2O$，属三斜晶系的磷酸盐矿物。短小柱状晶体少见，通常呈致密块状、肾状、钟乳状、皮壳状等集合体。颜色从明亮的蓝色到浅蓝色、蓝绿色、绿色及灰色，常有黑色斑点或黑色线状褐铁矿等包裹物；条痕为带蓝绿的白色。玻璃光泽至油脂光泽，透明至不透明，无解理，贝壳状断口，摩氏硬度5.0～6.0，相对密度2.6～2.8。性脆。

绿松石是一种次生矿物，由含铜硫化物及含铝、磷的岩石风化经淋滤作用而成，常与石英、高岭石、褐铁矿、黄钾铁矾等伴生。

绿松石是传统的宝玉石材料，也用作绘画颜料。

▽ **绿松石**
产地：湖北十堰 尺寸：12×5×30 cm

2.5.21 白钨矿

白钨矿（scheelite），又称钨酸钙矿，化学式为$Ca[WO_4]$，属四方晶系的钨酸盐矿物。晶体常呈近于八面体的四方双锥、板状，集合体为不规则粒状、块状、柱状。颜色无色、白色、浅黄色、橘黄色、浅褐色、浅红色、紫色等，条痕淡黄白色，油脂光泽或金刚光泽，透明至半透明，中等解理，参差状断口，摩氏硬度4.5～5.0，相对密度5.8～6.2。

白钨矿形成于高、中温热液充填矿脉、接触交代夕卡岩及伟晶岩中，也见于砂积矿床中，与石榴子石、符山石、透辉石及黄铁矿等硫化物或黑钨矿共生。

白钨矿是提炼金属钨的主要矿物原料，不仅用于生产合金钢和硬质合金、耐磨合金和强热合金等，也可以制造枪械、火箭推进器的喷嘴等。

△ **白钨矿(星点状)方解石(红)**
产地：美国 尺寸：13×9×7 cm（短波紫外光下）

△ **白钨矿戒面**
产地：四川平武 23.54克拉

△ **白钨矿**
产地：四川阿坝 尺寸：12×13×8 cm

2.5.22 铬铅矿

铬铅矿（crocoite），又称红铅矿、铬酸铅矿，化学式为 $Pb[CrO_4]$，属单斜晶系的铬酸盐矿物，元素铬由此发现。晶体呈细长柱状、锥状、板状，集合体常为晶簇状、块状、薄膜状。颜色通常呈鲜艳的橘红色、红色、橘黄色、黄色，条痕橘黄色，金刚光泽，透明至半透明，中等或无解理，贝壳状至参差状断口，摩氏硬度 2.5~3.0，相对密度 5.9~6.1。性脆。

铬铅矿为表生矿物，常见于超基性岩附近含铅矿床氧化带中，与磷氯铅矿、白铅矿、钼铅矿等共生。

铬铅矿因数量不多，一般用于矿物收藏与研究，也可用作颜料。

◁ **铬铅矿**
产地：澳大利亚 尺寸：14×17×20 cm

2.5.23 钼铅矿

钼铅矿（wulfenite），又称黄铅矿、彩钼铅矿，化学式为$Pb[MoO_4]$，属四方晶系的钼酸盐矿物。晶体常呈板状、薄板状、锥状、柱状，集合体呈块状、粒状。颜色鲜艳，通常为橙色或黄色，也呈灰、褐或绿棕甚至黑色；条痕白色。金刚光泽，断口油脂光泽；透明到半透明；中等或完全解；摩氏硬度2.5～3.0；相对密度6.5～7.0。

钼铅矿是常见的钼矿物，多见于铅锌矿矿床氧化带中，常与白铅矿、褐铁矿、钒铅矿、磷氯铅矿、孔雀石等伴生。有时也可见于低温热液矿床中。

钼铅矿大量聚集时可作为提取钼和铅的矿物，也常作为矿晶收藏。

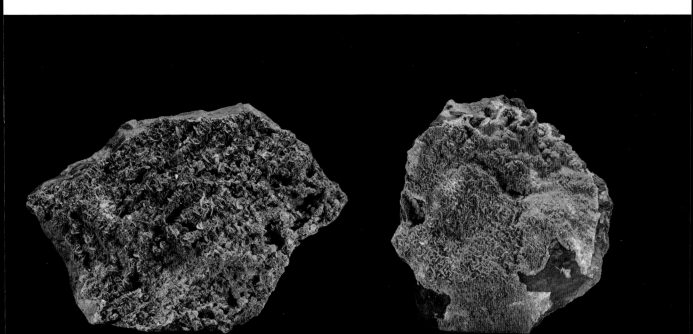

2.5.24 钒铅矿

钒铅矿（vanadinite），又称褐铅矿，化学式为$Pb_5[VO_4]_3Cl$，属六方晶系的钒酸盐矿物。晶体为六方柱状、针状、板状，集合体呈晶簇状、球状、皮壳状、致密块状。颜色鲜红色、橘红色、褐红色、褐黄色乃至无色、白色，条痕白至淡黄色。金刚光泽，断口树脂光泽；透明至不透明；摩氏硬度2.5～3.0；相对密度6.66～7.10。性脆。

钒铅矿主要在铅矿床的氧化带中作为次生矿物产出，伴生矿物有铬铅矿、钼铅矿、针铁矿等。

钒铅矿为主要含钒矿物之一，是提炼金属钒的主要矿物原料，少数也用于铅的提炼。

▽ **钒铅矿**
产地：摩洛哥 尺寸：20×23×15 cm

2.5.25 砷铅矿

砷铅矿（mimetite），化学式为$Pb_5[AsO_4]_3Cl$，属六方晶系的砷酸盐矿物。晶体呈六方柱状、板状、双锥状、针状，柱面有纵纹，锥面上有横纹；集合体呈粒状、球状、葡萄状、肾状。颜色为明亮的浅黄色或橙、黄、褐、灰等色，条痕呈白色带黄，树脂光泽至金刚光泽，透明至半透明，摩氏硬度3.5～4.0，相对密度7.10～7.24。性脆。

砷铅矿形成于铅锌矿床氧化带中，常与磷氯铅矿、钒铅矿、异极矿、褐铁矿等共生。

▽ **砷铅矿**
产地：广东韶关 尺寸：14×14×7 cm

2.5.26 钴华

钴华（erythrite），化学式为$Co_3[AsO_4]_2·8H_2O$，属单斜晶系的砷酸盐矿物。晶体细小，呈针状或片状晶形；集合体通常呈被膜状、皮壳状或土状块体。颜色粉红至深紫色，也有近于无色；条痕浅红色。玻璃光泽，透明至半透明，完全解理，参差状断口，摩氏硬度1.5~2.5，相对密度2.9~3.2。薄片具挠性。加热变成蓝色。

钴华常见于钴、砷矿床的氧化带中，是由辉砷钴矿、砷钴矿等含钴矿物氧化后形成的次生矿物，附着于原生矿物的表面，可作为找寻原生钴矿床的标志。

钴华的主要作用是提炼钴，还可以为玻璃和陶瓷染色，也可作为寻找自然银矿的标志。

◁ **钴华**
产地：摩洛哥 尺寸：14×12×10 cm

2.5.27 玫瑰砷钙石

玫瑰砷钙石（roselite），又名罗砷钴钙石，成分为 $Ca_2Co[AsO_4]_2\cdot2H_2O$，属单斜晶系的砷酸盐矿物。晶体短柱状或厚板状，双晶常见；集合体常呈晶簇状、球状。颜色紫红、玫红、粉红等色，条痕浅红色。弱金刚光泽，解理面珍珠光泽；透明至半透明；完全至不完全解理；摩氏硬度3.5；相对密度3.18。

玫瑰砷钙石常与钴华、褐铁矿等伴生。

玫瑰砷钙石可用于提取砷。

△ **玫瑰砷钙石**
产地：摩洛哥 尺寸：15.0×8.5×7.0 cm

2.6 卤化物矿物

卤化物是金属阳离子与卤族元素（如氟、氯、溴、碘等）阴离子化合而成的矿物。其中氯化物分布最广，其次为氟化物，溴化物和碘化物极少见。

2.6.1 石盐

石盐（halite），不是食盐，又称岩盐，化学式为NaCl，属等轴晶系的卤化物矿物。单晶体呈立方体、八面体或立方体与八面体的聚形，集合体常呈粒状、致密块状或疏松盐华状。纯净的石盐无色透明，因含杂质而呈白、黄、红、蓝、紫、黑等各种颜色。玻璃光泽，风化后呈油脂光泽；完全解理；摩氏硬度2.0～2.5；相对密度2.1～2.2。性脆。易溶于水，味咸。熔点804°C，钠离子的焰色反应呈黄色。因含有杂质，可产生绿色、橘黄色或红色荧光。

石盐是典型的化学沉积成因的矿物，主要产于干旱的内陆盆地盐湖或潟湖中，与钾石盐、石膏共生；也有少量的石盐为火山喷发凝华形成。

石盐可作为食品调料和防腐剂，也是重要的化工原料。

△ **石盐**
产地：青海柴达木 尺寸：13.0×10.0×6.5 cm

△ **石盐**
产地：美国 尺寸：13×6×6 cm（短波紫外光下）

2.6.2 萤石

萤石（fluorite），又称氟石，化学式为CaF_2，是一种常见的卤化物矿物。属等轴晶系。晶体呈立方体、八面体、菱形十二面体、四六面体等，可见立方体的穿插双晶；集合体呈粒状、块状、球粒状等。颜色丰富，有无色、白色、黄色、绿色、蓝色、紫色、红色及黑色等；条痕白色。玻璃光泽，透明至不透明，完全解理，摩氏硬度4，相对密度3.18。性脆。在紫外线或阴极射线照射下常发出蓝绿色荧光，由此得名。

萤石主要为热液成因，也产于某些花岗岩、流纹岩、片岩中，亦有沉积型。

萤石用途广泛，在冶金工业上可用作熔剂；是工业上氟元素的主要来源，应用领域涵盖新能源、新材料、国防、制冷、光学、电子、化工、原子能、建材、农药等产业；还可用于光学仪器和制作成工艺品。

▽ **萤石**
　产地：河南信阳

△ **萤石**
产地：浙江 尺寸：38×30×15 cm

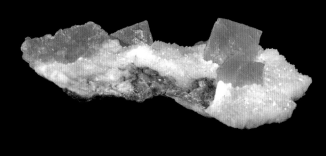

△ **萤石**
产地：江西德安 尺寸：26×20×10 cm

△ **萤石**
产地：湖南郴州 尺寸：10×8×12 cm

△ **萤石**
产地：内蒙古赤峰 尺寸：20×11×19 cm

△ **萤石**
产地：湖南郴州 尺寸：19×13×15 cm

△ **萤石**
产地：湖南耒阳　尺寸：13×16×5 cm
紫色萤石与白色水晶共生

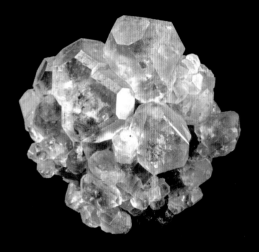

△ 萤石
产地：内蒙古赤峰 尺寸：18×18×10 cm

△ 萤石
产地：内蒙古 尺寸：19×15×8 cm

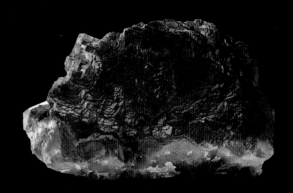

△ 萤石
产地：贵州晴隆 尺寸：29×15×19 cm

△ 萤石
产地：湖南郴州 尺寸：25×13×20 cm

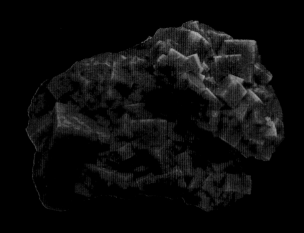

△ 日光萤石
产地：英国 尺寸：8×6×6 cm（短波紫外光下）

△ 萤石
产地：湖南郴州 尺寸：11×15×10 cm

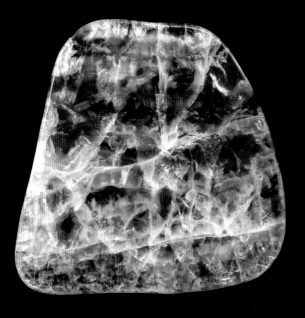

◁ **萤石**
　产地：浙江武义　尺寸：14×19 cm

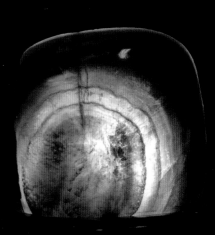

▷ **萤石灯**
　产地：浙江武义　尺寸：11×13 cm

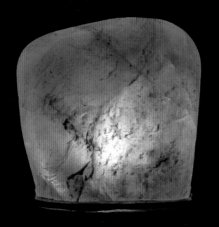

◁ **萤石灯**
　产地：浙江武义　尺寸：10×12 cm

无处不在

——矿物的诸般妙用

矿物，

供人取索，千使百用，

与人相伴，息息相关，

同人类文明一路偕行。

无处不在——矿物的诸般妙用

3.1 矿物利用简史

自石器时代、青铜时代、铁器时代，再经过工业革命到现在的电子信息时代，人们或利用矿物本身的特殊性能，或提取有用成分制造不同用途的产品，对矿物的认知和利用伴随着人类社会的发展历程。人类的文明史，也是矿产资源的开发史。矿产资源是人类生存与社会发展的重要物质基础，人类生产生活的各个领域都离不开它。

石器时代，人类直接利用石英等打制成砍砸器、刮削器，磨制成石斧、石刀。而新石器时代用黏土烧制的陶器，是人类最早利用化学变化改变矿物天然性质的开端。

随着对金属认识的深入，先民通过开采、冶炼技术获取铜料，再经过高温熔炼，加工锻铸出不同类型的青铜器，使人类文明进入青铜时代。

在冶炼青铜的基础上，人们逐渐掌握了冶铁技术，铁矿分布广泛，铁器性能更加优越，铁器的广泛利用使人类进入了一个更强生产力的时代。

自工业革命开始，人类对各种新矿物、新材料的探索和利用，推动着生产力的爆发和科技的绽放。电子信息时代，矿物的作用更加突显，例如，硅是芯片的主要原料，航空器广泛使用铝、镁、钛等轻金属材料。矿物与新材料、新科技相辅相成、相得益彰，推动着人类生产生活方式发生深刻改革。人类与矿物正携手迈向更美好的未来。

△ 新石器时代大汶口文化红陶兽形器

▷ 新石器时代龙山文化
蛋壳黑陶高柄镂孔杯

△ 青铜器亚丑钺

▷ 汉 铁范

3.2 金属矿产

据统计，当今世界80%以上的工业原材料都来自矿产资源。矿产资源在生产生活中无处不在，与人类生活形影不离，与科技发展息息相关，与国家安全密不可分，与生态环境紧密相连，是人类社会发展的基石。

金属矿产是指通过采矿、选矿和冶炼等工序，可从中提取金属原料的自然资源。金属矿产是人类较早认识和系统开发利用的矿产资源，随着社会生产力和科学技术的发展，被广泛应用于工农业等生产生活的各个方面，与人类的关系日益密切，种类繁多的金属材料已成为人类社会发展的重要物质基础。

3.2.1 与人类最密切的金属——铁

铁是地球上分布最广、最常用的金属之一。在自然界中，铁元素大都以化合物的形式存在，主要的铁矿石有赤铁矿、磁铁矿、褐铁矿和菱铁矿等。

铁是现代工业不可缺少的一种金属材料。根据含碳量的不同，铁大致分为生铁、熟铁以及钢。生铁质地硬而脆，常用于铸造铁炉和铁管，以及大型机械的底座。熟铁和钢都是把生铁中的杂质和大部分碳去除后提炼而成的。熟铁质地软，延展性好，强度硬度较低，常作为电工材料的铁芯。钢的硬度和韧性都比较好，有时为了使钢发挥更大的作用，在里面加入其他的金属元素，从而制成各种用途的合金钢。如加入铬元素，则成为用途广泛的不锈钢；加入锰元素，则制成坚硬无比的锰钢；加入熔点高的钨元素，则成为耐高温钢。目前钢铁制品是人们日常生活中不可或缺的用具。

△ 菱铁矿

△ 肾状赤铁矿

◁ 镜铁矿和水晶

3.2.2 社会进步的关键金属——铜

铜是一种存在于地壳和海洋中的金属，铜在地壳中的含量约为0.01%。铜是人类最早发现和利用的金属之一，使人类文明从石器时代迈入青铜时代。铜矿的开采和铜器的制造使用对早期人类文明的进步影响深远。用于提炼铜的矿物主要有自然铜、黄铜矿、斑铜矿、辉铜矿、赤铜矿、蓝铜矿、孔雀石等。

铜具有良好的导电性、导热性、耐腐蚀性和延展性，其导电性能和导热性能仅次于银。纯铜的新鲜断面是玫瑰红色的，但表面形成氧化铜膜后，外观呈紫红色，故常称紫铜。除了纯铜外，铜可以与锡、锌、镍等金属化合成具有不同特点的合金，即黄铜、白铜和青铜。在纯铜中加入锌，则称黄铜，如用于发电厂的冷凝器和汽车散热器上的普通黄铜管；加入镍称为白铜，主要应用在海水淡化及海水热交换系统、船舶工业等；除了锌和镍以外，加入其他金属元素的铜合金均称作青铜。如锡青铜在我国的历史上用于铸造古代货币、兵器、乐器和祭器等，充分证明了铜的使用在古代人类社会发展中起着重要作用。目前，铜在电气和电子行业中主要用于制造电线、通信电缆、电动机、发电机转子、电子仪器、仪表等。铜及铜合金在计算机芯片、集成电路、晶体管、印刷电路版等器材器件中都占有重要地位。例如，铬锆铜合金用于晶体管的制造；镍铜合金耐蚀性高、耐磨性好，容易加工，无磁性，是制造行波管和其他电子管较好的结构材料，还可作为航空发动机的结构材料。

△ **自然铜和赤铜矿**

△ **辉铜矿**

3.2.3 地壳中最多的金属——铝

铝元素是地壳中含量最丰富的金属元素，仅次于氧和硅，居第三位。通常的泥土中含铝15%～20%，但因杂质太多，工业生产中提炼纯铝，主要是用铝土矿、霞石、明矾石等矿物。

铝密度很小，虽然它比较软，但可制成各种铝合金，如硬铝、超硬铝、防锈铝、铸铝等，并广泛应用于飞机、汽车、火车、船舶等制造工业。此外，铝的导电性仅次于银、铜和金。铝的导电率为铜的2/3，但密度只有铜的1/3，所以输送同量的电，铝线的质量只有铜线的一半。铝具有一定的绝缘性，在电器制造、电线电缆工业中有广泛的用途。铝具有良好的导热性，工业上可用铝制造各种热交换器、散热材料和炊具等。铝还有较好的延展性，可制成厚度小于0.01毫米的铝箔，广泛用于包装香烟、糖果等，还可制成铝丝、铝条，并能轧制成各种铝制品。铝表面形成致密的氧化物保护膜，使其抗锈蚀、耐氧化的能力比较强，常被用来制造化学反应器、医疗器械、冷冻装置、石油和天然气管道等。铝粉具有银白色光泽，常用作涂料以保护铁制品不被腐蚀。近年来，铝的应用极为广泛，连人们日常生活中用的锅碗瓢盆都离不开它。

△ 明矾石

△ 三水铝石

3.2.4 善于与钢铁结合的金属——锌

我国是世界上最早发现并使用锌的国家。锌是银白色的金属，常见的锌矿石有闪锌矿、菱锌矿以及异极矿，其在地壳中常和铅矿共生，称为铅锌矿。

锌具有良好的抗大气腐蚀性能，在常温下表面易生成一层保护膜，主要用于镀锌工业，即在钢材和钢结构件的表面镀层，广泛应用于汽车、建筑、船舶、轻工等行业。锌与其他金属元素组成的锌合金，可用于制造各种精密铸件。锌具有良好的抗电磁场性能，在射频干扰的场合，锌板是一种非常有效的屏蔽材料。同时由于锌是非磁性的，适合做仪器仪表零件及仪表壳体。锌还可以用来制作电池，如锌锰电池以及最新研究的锌空气蓄电池。氧化锌粉末是天然橡胶、合成橡胶的补强剂，也是白色胶料的着色剂和填充剂。氧化锌在陶瓷工业中作为助熔剂，在印染工业中作为防染剂。

△ 闪锌矿和萤石

△ 硅锌矿和菱锌矿

3.2.5 制作蓄电池的金属——铅

铅是一种高密度、柔软的蓝灰色金属，有毒性，具有延伸性。自然界中最主要的铅矿石是方铅矿，含铅量达到86%，其他常见的含铅矿物有白铅矿和铅矾。

铅的熔点低、韧性好，对电和热的传导性能差。铅具有良好的抗腐蚀性能和可塑性，常用于化工设备和冶金工厂电解槽做内衬。铅可以有效地吸收射线，故用于制造放射性物质的容器和防护材料，因此在有辐射的环境下常穿铅衣作为防护，以免受到射线伤害。铅还主要用于制造铅酸电池，因其价格低廉、技术成熟、性能可靠等优势，长期以来被广泛应用。在军火工业中，铅可用于制造子弹头、榴霰弹等。在油漆生产中，铅可作为重要的防锈涂料。铅也能与许多金属以合金的形式被广泛应用，如铅与锑、锡等组成的合金常用于火车、汽车、轮船等机械的滑动轴承；电子工业中常用的焊锡是铅锡合金；铅与锡、铋、镉、铟组成的易熔合金，常用作电路中的保险丝或其他自动熔断系统。

△ 磷氯铅矿

△ 方铅矿

3.2.6 低毒重金属——铋

铋在自然界中以单质和化合物的形式存在，矿物有自然铋、辉铋矿、泡铋矿、铋华、方铅铋矿、菱铋矿、铜铋矿等。

铋因熔点低，主要用于制造易熔合金，在消防和电气工业上用作自动灭火系统和电器保险丝、焊锡。铋合金具有在冷凝时不收缩的特性，用于铸造印刷铅字和高精度的铸型。铋及其合金常作为铸铁、钢和铝合金的添加剂，以改善合金的切削性能。铋是逆磁性最强的金属，主要应用于热电和超导材料方面，也可用作核反应堆的传热介质和冷却剂。铋黄这种颜料具有很好的表面抗化学腐蚀性，而且黏合力极强，色泽光亮，又不易脱落褪色，可用于汽车喷漆及橡胶、塑料制品的着色。铋与其他重金属不同的是毒性相对较小、不易被身体吸收、不容易致癌、可排出体外，因此铋可用于医药行业，如次碳酸铋和次硝酸铋用来治疗胃病；在放射性治疗时，铋可防止身体其他部位吸收射线。在电子行业中，用高纯铋与碲、硒、锑等化合物制成半导体元件，用于温差电偶、低温温差发电和温差制冷，主要装配于空调和冰箱中。

△ **辉铋矿**

3.2.7 金属硬化剂——锑

锑为具有光泽的银白色金属，其性脆，易熔，具独特的热缩冷胀性，无延展性。锑在地壳中的含量为百万分之一，是稀有元素。锑矿物主要为辉锑矿，锑含量高。

锑是电和热的不良导体，在常温下不易氧化，有抗腐蚀性能。锑在合金中的主要作用是增加硬度，常被称为金属的硬化剂，用于制造耐磨合金。在金属中加入比例不等的锑后，金属的硬度就会加大，可以用来制造军火。锑及锑化合物首先被应用于耐磨合金、印刷铅字合金及军火工业，是重要的战略物资。含锑铅的合金耐腐蚀，是生产蓄电池极板、化工管道、电缆包皮的首选材料。锑与锡、铅、铜的合金强度高、极耐磨，是制造轴承、齿轮的好材料。锑化物可阻燃，所以常应用在各式塑料和防火材料中。锑白作为白色颜料，常用于陶瓷、搪瓷、油漆、玻璃等工业。高纯度锑作为硅、锗的掺杂元素或铋、硒、碲的掺杂元素可制成半导体晶体元件。

▷ **辉锑矿**

3.2.8 强化钢的软金属——钼

金属钼具有高强度、高熔点、耐腐蚀、耐磨等特性。自然界中已知的30余种含钼矿物中分布最广并具有现实工业价值的是辉钼矿，其颜色为纯铅灰色，具有金属光泽，质地较软，具有滑感。其他较常见的含钼矿物还有铁钼华、钼酸钙矿、钼铅矿、蓝钼矿等。

在冶金工业中，钼作为生产各种合金钢的添加剂，与钨、镍、钴、锆、钛等组成高级合金，以提高其高温强度、耐磨性和抗腐性。含钼合金钢又称"钼钢"，这种钢材不仅具有很高的强度，而且还具有很好的弹性和韧性，因此被用于制造枪炮、装甲板以及坦克等。在航天器、核反应堆的部件以及汽车内燃机等机械工业上使用二硫化钼制作的润滑剂。氧化钼和钼酸盐是化工和石油工业中的优良催化剂。钼黄、钼橙已成为广泛使用的无机颜料，不仅无毒，还具有鲜艳的色泽，光、热稳定性良好，因而被用在高温油漆、建筑涂料、塑料、橡胶产品中。在电子电气领域中，钼具有良好的导电性和耐高温性，热膨胀系数与玻璃相近，被广泛用于制造螺旋灯丝的芯线、引出线及挂钩等部件。此外，纯钼丝用于电火花线切割加工，能切割各种钢材和硬质合金，其放电加工稳定，能有效提高模具精度。在核工业中，钼还可用作核反应堆的结构材料、核电站防护装置材料。

△ **辉钼矿**

3.3 非金属矿产

非金属矿产是指除金属矿产、能源矿产以外，能提取某种非金属元素，或直接利用其物化性质或工艺特性的矿物或矿物集合体的一类矿产资源。非金属矿产的开发和利用在我国具有悠久的历史，从早期石器时代利用坚硬的石英等制作石刀、石斧到新石器时代使用黏土烧制陶器；从瓷器、火药的使用到万里长城、壮丽宫殿的修建，非金属矿产在中华民族几千年的生产实践和社会进步中发挥了十分重要的作用。

非金属矿产是当前国民经济发展不可缺少的重要基础材料和功能材料，同时也是支撑现代高新技术产业的原辅材料和多功能环保材料。

3.3.1 石英

石英是一种坚硬、耐磨、化学性质稳定的氧化物矿物，其主要成分是二氧化硅。纯净的石英晶体无色透明，但常因含一些包裹体和微量元素而显示不同的颜色，一般为乳白色、无色、灰色等。

石英是制造玻璃的主要原料。在冶金工业中，石英主要用于硅金属、硅铁合金、硅铝合金等的原料、添加剂或熔剂。在陶瓷行业中，石英对泥料的可塑性起调剂作用，并能缩短干燥时间和防止坯体变形，这样不仅可以提高釉面光泽度，还能提高釉面硬度，使瓷晶耐磨。石英还作为铸造砂的主要原料，并在橡胶、塑料制品中作为填料提高耐磨性。石英因具有压电性能，被广泛应用于电子显微镜、计时仪、电子计算机、人造地球卫星等方面。

△ 石英

3.3.2 长石

长石是长石族矿物的总称，它是一类常见的含钙、钠和钾等铝硅酸盐类造岩矿物，包含正长石、钠长石、钙长石、微斜长石、透长石等。

长石主要用于玻璃工业和陶瓷工业。在玻璃工业中，长石主要是用来提高玻璃配料中的氧化铝的含量，降低玻璃生产中熔融温度和增加碱含量；也可以防止在生产中析出晶体，并调节玻璃的黏性。在陶瓷工业中，长石是坯料中氧化钾和氧化钠的主要来源，起熔剂作用，有利于成瓷和降低烧成温度；长石还有利于提高坯体的机械强度、介电性能以及透明度；另外长石可作为搪瓷的原料，与其他矿物掺配成珐琅。除玻璃和陶瓷工业外，长石可作为化肥提取的原料，如钾长石用于提取钾肥。

▽ 钠长石

3.3.3 滑石

　　滑石是一种常见的硅酸盐矿物。滑石的用途很多，在涂料工业中利用其抗下垂、增黏性，且容易均匀分散等特性，来控制涂料的光泽；同时滑石质软，能减少设备的磨损，主要用于白色颜料和各类水基、油基、树脂工业涂料、底漆、保护漆等。滑石在造纸方面作为填料，有助于改善纸张的光泽、透明度和亮度，并可减少造纸和印刷设备的磨损。陶瓷级滑石粉能控制陶瓷坯体的热膨胀性，是一种理想的陶瓷原料，还能增加烧成坯体的白度和机械性能，多用于制造电瓷、无线电瓷、各种工业陶瓷等。塑料级滑石粉用于聚丙烯、尼龙、聚氯乙烯等塑料的填料，从而改善塑料的抗化学性、耐热性、抗冲击性、尺寸稳定性等。化妆品级滑石粉作为各种润肤粉、美容粉、爽身粉等的添加剂。

△ 滑石

3.3.4 石膏

石膏一般分为生石膏和硬石膏两种，生石膏为二水硫酸钙，又称二水石膏、水石膏或软石膏，硬石膏为无水硫酸钙。

石膏应用途径主要集中在建筑、美术、陶瓷、食品添加剂、制药和医用石膏板等方面。建筑行业是石膏的主要应用领域，用于生产各种石膏建筑材料制品或作为水泥及胶结材料的原料，如石膏隔墙板、承重内墙板、天花板等。在农业生产中，石膏可用于制造硫酸，进而生产硫酸铵化肥；还可以调节土壤的酸碱度，改善土壤环境。在食品行业中，石膏可以作为凝固剂、添加剂。硬石膏加工后可用作塑料、橡胶的填料，改善其机械强度、耐热性及尺寸稳定性。

△ **石膏**

3.3.5 高岭石

高岭石是自然界中一种常见且非常重要的黏土矿物。高岭土是以高岭石为主要成分的一种黏土，已成为造纸、陶瓷、橡胶、涂料化工等行业所必需的原料。

高岭土的可塑性、黏结性、烧结性及烧后白度等特殊性能，使其成为陶瓷生产的主要原料。在造纸工业中，高岭土的洁白、柔软、高度分散性和吸附性等优良性能，可作为纸张的填料和涂料，以提高纸张的密度、白度与平滑度；耐火度高的纯净高岭土可以用来熔炼光学玻璃和坩埚等。高岭土还可以用作补强剂和填充剂，提高橡胶的机械强度及耐酸性能。在石油化工业中，高岭土可用于制作高效能吸附剂、石油裂解催化剂等。在农业生产中，高岭土可用作化肥、农药的载体。

△ 高岭石

3.3.6 红柱石

红柱石为无水硅酸盐矿物，在高温下体积变化小，热稳定性好，且有良好的抗磨性能，可用于制造不定型、不预先煅烧的高级耐火材料，同时可以延长耐火材料的使用寿命。红柱石中氧化铝含量高，而铁、钛和钙等氧化物杂质含量低，可用于生产强度高、质量轻的硅铝合金，常用作汽车、火车、航天火箭等耐高温部件以及生产化学和电气陶瓷、火花塞绝缘体等。晶体良好且色泽鲜艳的红柱石可以制成工艺品和装饰品。

△ **红柱石**

3.3.7 方解石

方解石是一种碳酸盐矿物，主要成分是碳酸钙。石灰岩和大理岩主要由方解石组成，它们是化工、建筑等工业的原料。方解石在冶金工业上用作助熔剂，在建筑工业上用来生产水泥、石灰，而大理岩还可作为建筑装饰材料。在玻璃生产中加入方解石成分，可制成半透明的玻璃。方解石经加工制成的重质碳酸钙粉，是优良的填充剂和性能改良剂，广泛用于塑料、橡胶、造纸、涂料、电缆、饲料等领域。在食品工业中，纯净的碳酸钙可作为各种食品的添加剂、增补剂、固化剂、补钙剂、改性剂及增白剂等；在一些食品中还可作为膨松剂和发酵剂，减少发酵时间。透明的方解石称为冰洲石，具有双折射特性，成为制造偏光棱镜的光学材料，还常用于国防工业和特种光学仪器。

▽ **方解石和水晶**

3.3.8 磷灰石

磷灰石是一种磷酸盐矿物，主要成分是钙、磷、氯。其主要用途是制造农业上所需的磷肥，对于农作物的增产起着重要作用，磷灰石还用于制取纯磷和含磷化合物。赤磷用于制造火柴和磷化物；黄磷有剧毒，可制作农药和灭鼠药，还可以制作燃烧弹、信号弹等；磷与硼、铟、镓的磷化物用于半导体工业等。含磷化合物如磷酸钛、磷酸硅等可用作涂料、颜料、黏结剂等；三聚磷酸钠目前主要用于合成洗涤剂助剂；六偏磷酸钠可作水的软化剂和金属防腐剂；磷酸二氢铝材料耐火度高、耐腐蚀性强、电性能优越，在电气、耐高温设备等工业上有广泛应用；磷酸氢钙用于食品添加剂、动物饲料添加剂等；高纯度电子级磷酸主要用于电子晶片生产过程中的清洗和蚀刻，而纯度较低的主要用于液晶面板部件的清洗等。

△ **磷灰石**

3.3.9 自然硫

　　自然硫常与方解石、白云石、石英等组合，具有鲜艳的硫黄色，与基岩形成鲜明反差，有较好的观赏性。自然界中含硫矿物分布非常广泛，种类也很多，以单质硫和化合态硫两种形式出现，硫的主要工业矿物有自然硫、黄铁矿、白铁矿、磁黄铁矿等。

　　大部分含硫矿物用于制造硫酸，硫酸大多用于生产化肥中的硫酸铵、过磷酸钙等。但在冶金工业中，常用硫酸除去金属表面的氧化层，或者需要硫酸配制电解液；在药物制备过程中的磺化反应、硝化反应需要用到硫酸；在石油工业中硫酸用来精炼汽油、润滑油等；在造纸业中硫酸用作漂白剂。除此之外，硫酸还可用来制造苯酚、硫酸钾等各种化学产品。

△　**自然硫**

3.3.10 重晶石

重晶石的主要成分是硫酸钡，主要用于提取钡的原料。在石油工业中，重晶石作为钻井泥浆的加重剂，增加泥浆比重，防止发生井喷事故。重晶石在涂料工业中作为填料，可以增加漆膜的厚度、强度以及它的耐久性。在造纸工业中，超细硫酸钡作为生产铜版纸表面涂布剂的原料之一，可促使纸张表面平滑有光泽。在陶瓷工业中，碳酸钡可改善釉料的硬度和光泽。在化学工业中，钡盐厂用重晶石作原料，生产锌钡白、碳酸钡等。在水泥工业中，重晶石可与萤石、石膏等作为复合矿化剂。在医药工业中，用硫酸钡制作的"钡餐"因在胃肠道内不吸收，可阻断X线透射，且对人体无毒，可作为检查食管和胃肠道的造影剂。

△ **重晶石**

3.3.11 萤石

　　萤石是以氟化钙为主要成分的矿物，是工业上氟元素的主要来源，用于制取氟化物与生产氢氟酸。在航空航天工业中，氢氟酸主要用来生产喷气机液体推进剂、导弹喷气燃料推进剂。氢氟酸制成的氟利昂，可作为冷冻剂、喷雾剂、灭火剂等。在冶金工业中，萤石用作碱性平炉、碱性氧气炉和电炉炼钢的助熔剂。在玻璃工业中，萤石在生产燧石玻璃、乳光玻璃和搪瓷制品时作为助熔剂和遮光剂。在陶瓷工业中，萤石能在瓷釉生产过程中起到助色和助熔的作用。

▽ **萤石**

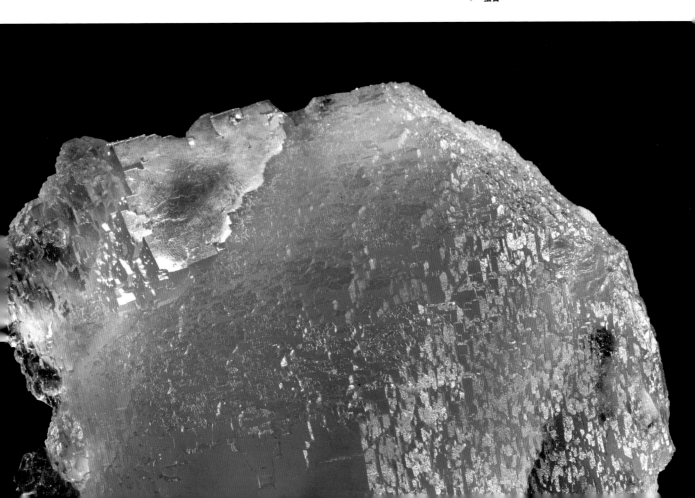

3.3.12 毒砂

毒砂是一种含铁的硫砷化物矿物，也常含钴，含钴高时称钴毒砂。毒砂是制取砷和各种砷化合物的主要矿物原料，钴毒砂可用作提取钴的矿物原料。由于大部分砷及砷的化合物都有致命的毒性，在农药中添加砷可以防治水稻、棉花、森林的某些细菌性病害，也可用作除草剂、灭鼠药等。砷作为合金添加剂用于制造砷铅合金，在军事工业中用以制造子弹头、军用毒药和烟火信号弹等。高纯砷是制取砷化镓、砷化铟等的原料，还可用于制造皮革脱毛剂、木材防腐剂、玻璃脱色剂等。

△ **毒砂**

△ **石盐**

3.3.13 石盐

　　石盐，主要成分是氯化钠。石盐是人类生活的必需品，除加工成精盐可供食用外，还是化学工业最基本的原料之一，被誉为"化学工业之母"。石盐经干燥、电解可制取金属钠和氯气。金属钠在化学工业中可作为制取钠化合物的原料；在冶金工业中用于还原钛、锆等的化合物；在炼油工业中又是良好的脱硫剂。氯气用以生产次氯酸钠、三氯化铝、三氯化铁等无机氯化物，还可用以生产氯乙酸、一氯代苯等有机氯化物。盐卤水经提纯、电解，再加水分解后，可生产烧碱、纯碱、盐酸等用途非常广泛的化工产品。

3.4 宝石矿物

宝石矿物是具有宝石价值的天然矿物，它们因为自身稀有的属性和美丽的外表而得到人类的垂青。它们或纯净无瑕或色彩斑斓，或剔透晶莹或光彩夺目。宝石矿物的应用历史几乎和整个人类的文明史一样长久，它们的美丽身影缀饰在历史的长卷之中，有时甚至成为一段历史故事的主角。

3.4.1 什么是宝石

"宝石"一词，在不同历史时期、不同语境下有着不同的含义。狭义的宝石，指的是宝石矿物，它们是具有美丽、稀有、耐久特点的一类特殊矿物，作为矿物的它们自然也具有所有矿物的共同特点：内部质点排列有序、相对固定的化学组成、确定的内部结构和稳定的物理化学性质。本书中的宝石，仅指狭义宝石。而广义的宝石，可以泛指所有珠宝玉石，它们不仅包括了宝石矿物，还包含了岩石类的玉石、取自生物体或生物化石的有机宝石等等。

一个矿物能够被称为宝石矿物，需要具有以下特点：首先宝石要足够美丽，颜色、纯净度、折射率、透明度、光泽等共同构成了宝石矿物的美学价值。其次宝石要具有稀有性，物以稀为贵，宝石亦是如此。宝石的稀有性既包括了宝石品种的稀有性，也包括了同一种宝石中宝石品质的稀有性。最后宝石还要具有耐久性，意味着宝石需要能够耐受正常使用中的磨损、挤压、光照、温度变化以及常见的化学侵蚀，因此宝石不仅需要具有稳定的化学性质，还需要具有较大的硬度和适当的韧性。

根据宝石的三大特征并综合宝石不同的历史文化因素，可将宝石分为名贵宝石、普通宝石。名贵宝石，即传统的五大宝石，分别为钻石、祖母绿、红宝石、蓝宝石、金绿宝石。普通宝石指的是除五大名贵宝石之外的其他宝石矿物，种类繁多，常见的有各种水晶、尖晶石、碧玺、海蓝宝石、橄榄石、托帕石等。

3.4.2 宝石的应用历史

宝石的应用历史，可追溯至公元前5000年两河流域的苏美尔文明。至公元前2000年左右，两河流域的宝石镶嵌珠宝加工工艺已经颇为成熟，人们将产自西亚及相邻地区的绿松石、青金石、玛瑙等宝石加工成较为规整的颗粒或细珠，镶嵌在黄金指环、耳环或项链等饰品上。该地区还曾出土过一类特殊的绿松石首饰，是将绿松石加工成较大颗粒的珠子以后，在珠子上雕刻花纹的浅槽，并将金线镶嵌在浅槽之中。

与其他文明古国相比，中国在玉石方面的利用历史更加悠久，且玉石一直占据了中国古代饰品的主要地位。起始于五六千年前的红山文化遗址曾出土大量玉器与一定数量的水晶、绿松石和玛瑙的装饰品，其中有一件极具特色的"C形玉龙"被称为"中华第一龙"；同为新石器时代晚期的良渚文化也发现了大量制作精美的琮、壁、钺等玉器。

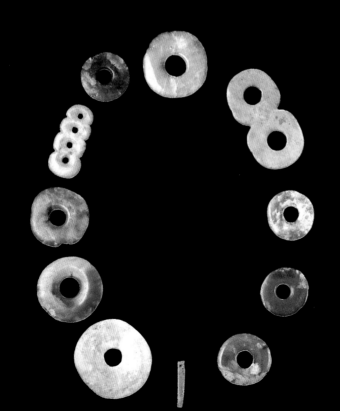

◁ 新石器时代大汶口文化玉项串饰

◁ 新石器时代大汶口文化
嵌绿松石骨雕筒

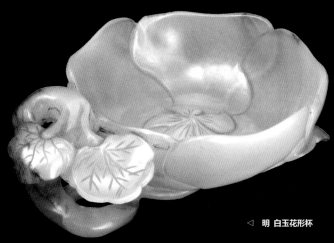

◁ 明 白玉花形杯

▽ 明 镶宝石金带饰

3.4.3 主要的宝石种类

● 钻石

钻石（diamond），是指品质较高的宝石级金刚石，呈现金刚光泽，摩氏硬度为10。钻石因为其悠久的利用历史、极高的硬度、巨大的经济价值而享有"宝石之王"的美誉，也因其纯洁、永恒、坚定不移的象征意义而被人们作为婚姻的纪念宝石。

钻石由碳（C）元素组成，是唯一一种由单一元素构成的宝石矿物。除了碳元素之外，钻石还可能含有微量的氮（N）、硼（B）、氢（H）、钙（Ca）、硅（Si）、锰（Mn）等杂质元素。钻石具有极强的稳定性结构，使得钻石拥有了高硬度、高熔点、高折射率、不导电的特性。

山东是中国钻石的主要产地之一，常林钻石的发现对于地球科学的研究、寻找原生矿以及研究天然金刚石形成的环境等都具有重要的意义。

△ **金刚石**
产地：山东蒙阴 38.59克拉（山东省天宇自然博物馆藏）

● 红宝石与蓝宝石

红宝石（ruby），是指红色的宝石级刚玉，名贵宝石之一，因其成分中含铬(Cr)元素而呈红色，铬含量越高颜色越鲜艳。其中有一种类似于鸽子血一般红艳的颜色被称为"鸽血红"，代表着顶级的红宝石颜色。我国古代使用的红宝石大多来自国外，清朝官员的顶戴中，亲王至一品官员使用的就是红宝石。红宝石因其鲜艳浓郁的红色而深受人们的喜爱，并把它和热情、爱情联系在一起，并赋予它为7月的生辰石和结婚40周年的纪念石。

蓝宝石（sapphire），名贵宝石之一，是除红色以外其他颜色的宝石级刚玉的通称，不仅有深浅各异的蓝色，还有黄色、橙色、绿色、紫色和无色等。除了蓝色刚玉直接定名为蓝宝石外，其他颜色的刚玉命名时需在蓝宝石前面加上颜色特征，如粉橙色蓝宝石、黄色蓝宝石等。蓝宝石象征着忠诚、慈爱与诚实，被赋予为9月生辰石和结婚45周年的纪念石。

世界范围内，红宝石和蓝宝石的重要产地有斯里兰卡、缅甸、泰国等。斯里兰卡作为历史悠久的红蓝宝石产地，因其产量大、品质优，故有"宝石之国"的美誉。我国山东省的潍坊市也出产大量蓝宝石，多呈幽暗深邃的蓝色。

△ **红宝石戒面**　　　　△ **蓝宝石吊坠**　　　　△ **粉色蓝宝石戒面**　　　△ **粉橙色蓝宝石戒面**
产地：莫桑比克 1.01克拉　产地：马达加斯加 1.17克拉　产地：斯里兰卡 0.72克拉　产地：斯里兰卡 0.87克拉

● 祖母绿

祖母绿（emerald），是指黄绿至蓝绿、翠绿色的宝石级绿柱石，被称为"绿宝石之王"，五大名贵宝石之一，摩氏硬度7.5，因含微量的铬（Cr）和钒（V）元素致色。祖母绿明快而鲜艳的绿色象征着春天大自然的勃勃生机，是旺盛生命力和重获新生的象征，也是5月的生辰石。

祖母绿的晶体中常含有包裹体，这些包裹体不仅形态各异，而且还存在固态、液态或气态的形式。完美无瑕的大颗粒祖母绿几乎是不存在的，因此欣赏祖母绿的美，也意味着要能够接受它的瑕疵。祖母绿主要产地有哥伦比亚、赞比亚、巴西、俄罗斯、巴基斯坦等。

◁ **祖母绿戒面**
产地：哥伦比亚 2.56克拉

● 金绿宝石

金绿宝石（chrysoberyl），又称金绿玉，化学式为$BeAl_2O_4$，颜色为深浅不同的绿色或黄至褐色，玻璃光泽至金刚光泽，透明至不透明，摩氏硬度8.5。金绿宝石有四个变种：金绿宝石、猫眼石、变石、变石猫眼。

猫眼石是具有猫眼效应的金绿宝石变种，一般为半透明，颜色有黄至黄绿色、灰绿色、褐至黄褐色等，是名贵宝石之一。猫眼效应是由于金绿宝石内部含有密集排列的纤维状包裹体，同时宝石加工成光滑的凸面形，包裹体会将外界照射进来的光线聚集到宝石中央，从而形成一条横贯宝石并垂直于包裹体的明亮光带。现今猫眼特指金绿宝石中的猫眼石，其他具有猫眼效应的宝石则需要在其前面加上宝石的名称，如石英猫眼、电气石猫眼等。

△ **猫眼石戒面**
产地：巴西 3.02克拉

● 水晶

水晶（rock crystal），是石英（SiO$_2$）的结晶体，纯净者无色透明，因含包裹体或微量元素等形成了不同颜色和种类的异种。

无色水晶：无色透明的石英晶体，产量较大。

紫水晶：呈蓝紫、浅蓝、浅紫、紫红等蓝紫色调，以深紫红和大红色为最佳。透明或半透明，加热可脱色。具二向色性，从不同角度观赏，可显示出蓝或红的紫色调。呈色原因可能是成分中含微量的铁元素或杂质。紫水晶是2月的生辰石。

烟水晶：呈烟黄色、褐色至黑色。根据研究，它的颜色是由于含有极微量的放射性元素镭。

黄水晶：颜色从浅黄至深黄色，呈色原因可能是含铁元素所致。

蔷薇石英：又称粉晶、芙蓉石，是一种淡粉红色或深玫瑰色的石英。这种粉红色可能是含有微量的钛元素所造成的。

发晶：因含有金红石、赤铁矿、针铁矿等包裹体呈束状、线状，在水晶内犹如发丝而得名。

绿幽灵水晶：透明水晶生长过程中包含了绿泥石等矿物，使水晶中出现了绿色的颗粒、层片、团块。

▷ **黄水晶吊坠**
产地：巴西 尺寸：37×24×13 mm

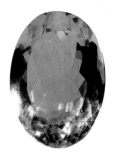

◁ **黄水晶戒面**
产地：巴西 11.09克拉

△ **芙蓉晶手链**
产地：马达加斯加 尺寸：粒径13 mm

△ **紫黄晶戒面**
产地：玻利维亚 41.11克拉

△ **柠檬晶戒面**
产地：巴西 76.81克拉

△ **黑发晶手链**
产地：巴基斯坦 尺寸：粒径15 mm

△ **发晶手链**
产地：巴西 尺寸：粒径15.3 mm

△ **绿幽灵手链**
产地：巴基斯坦 尺寸：粒径10.8 mm

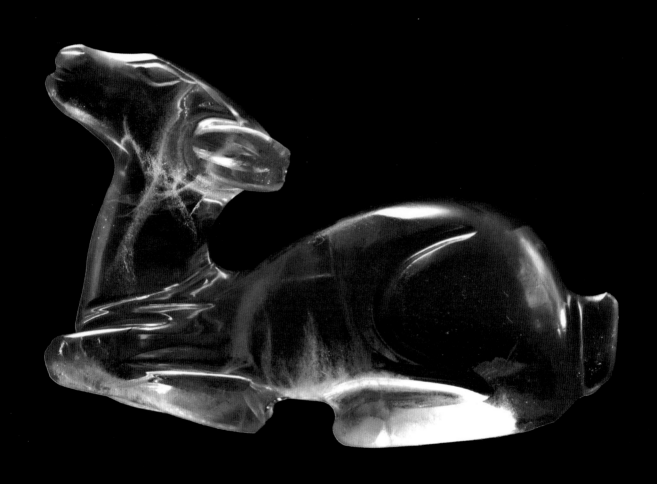

△ 明 水晶鹿镇纸
　产地：山东邹城　尺寸：9.7×4.7 cm

● **碧玺**

碧玺（tourmaline），是指宝石级的电气石。碧玺的成分复杂，铁、镁、锂、锰、铝等金属离子的含量不同，形成了不同的种类：富铁碧玺呈黑色和绿色；富镁者为黄色或褐色；富锂、锰、铯者为玫瑰红色、粉红色、红色或蓝色；富铬者为深绿色。其中以蔚蓝色和鲜玫瑰红色碧玺最为珍贵。蓝色碧玺被称为帕拉伊巴碧玺，而鲜玫瑰红色碧玺则被称为卢比来碧玺。碧玺同一晶体内外或不同部位也可呈现两种或多种颜色，如双色碧玺、多色碧玺、西瓜碧玺等。

△ **红色碧玺戒面**
　产地：坦桑尼亚 6.57克拉

△ **碧玺手链**
　产地：坦桑尼亚 尺寸：粒径6.8 mm

△ **西瓜碧玺戒面**
　　产地：巴西 3.05克拉

△ **金绿碧玺戒面**
　　产地：巴西 6.38克拉

△ **铬碧玺戒面**
　　产地：巴西 1.67克拉

◁ **帕拉伊巴碧玺戒面**
　　产地：巴西 4.2克拉

● 海蓝宝石

海蓝宝石（aquamarinl），是指天蓝、浅蓝至海蓝色的宝石级绿柱石，摩氏硬度7.5，致色机理为含有微量的二价铁（Fe^{2+}）元素。因海蓝宝石有如热带沙滩浅海一样的澄澈明亮的蓝色，所以航海家用它祈祷保佑航海安全。它又被作为3月的生辰石，象征着沉着、勇敢、幸福和长寿。

△ **海蓝宝石手链**
　产地：巴西 尺寸：粒径12 mm

△ **海蓝宝石戒面**
　产地：巴基斯坦 10.2克拉

△ **海蓝宝石手链**
　产地：巴西 尺寸：粒径6.8 mm

● **坦桑石**

坦桑石（tanzanite），是指蓝到紫色的宝石级黝帘石的变种，摩氏硬度6.5~7.0。黝帘石通常被用作装饰材料，自1967年在坦桑尼亚发现了蓝紫色的透明晶体之后，它在宝石界中的地位日益提高，并以发现地命名。坦桑石的致色机理为含有微量钒(V)元素，含量0.02%~2%，使之呈淡紫色、紫罗兰色至靛蓝色；并具有多向色性，从不同角度观察会呈现不同色彩，可以见到紫红、黄绿、深蓝的三色变化。坦桑石是灵气、爱和永恒的象征，电影《泰坦尼克号》中海洋之心项链上镶嵌的硕大的蓝紫色宝石其实就是坦桑石。

△ **坦桑石戒面**
产地：坦桑尼亚 6.93克拉

● 橄榄石

橄榄石（olivine），作为宝石的颜色通常有黄绿色、金黄绿色、深黄绿色、浓绿色等。橄榄石是8月的生辰石，承载了和平、幸福的祝愿。橄榄石作为饰品的历史也极为悠久，西亚地区古代部落就有以互赠橄榄石表示和平的传统，耶路撒冷的一些神庙至里今保存有几千年前镶嵌的橄榄石。

● 紫锂辉石

紫锂辉石（kunzite）是宝石级的紫色锂辉石，颜色从浅紫色、紫色到粉紫色，摩氏硬度6.5～7.0。宝石级的锂辉石除了紫锂辉石以外，还有浅绿色的绿锂辉石以及红、黄等多种颜色和透明无色的锂辉石。

△ **橄榄石戒面**
  产地：河北张家口 7.84克拉

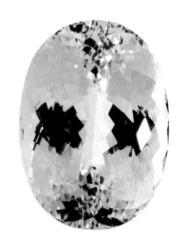

△ **紫锂辉石戒面**
  产地：巴基斯坦 82.8克拉

3.4.4 宝石加工工艺

宝石矿物经过切割、琢磨、抛光等步骤，可加工成具有特定琢形的宝石。加工后的宝石，其颜色、光泽、火彩的表现较原矿物更加突出，有些宝石还能呈现猫眼、星光、变彩、变色等特殊光学效应。宝石搭配贵金属或其他材质加以镶嵌、装饰而成的饰品点缀着人们的生活。

常见的宝石切割工艺有以下几种：

明亮琢型，指宝石的刻面从中心向外呈放射状排列，按照一定的比例将刻面打磨成不同的大小和形状，使大部分进入宝石的光经亭部反射之后，又进入观察者视线中，呈现明亮的效果，故而得名。该琢型适用于大多数无色及浅色的透明宝石，特别是具有高色散的宝石，如钻石。明亮琢型根据形态特点的不同可分为圆形明亮琢型、单明亮琢型、双明亮琢型、三明亮琢型、古典欧洲琢型等。

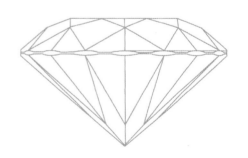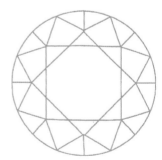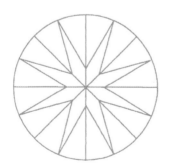

△ 圆形明亮琢型示意图

阶梯琢型，又称花式阶梯琢型或陷阱琢型，轮廓多呈矩形，冠部由一个矩形台面和一系列矩形刻面组成。该琢型最大的特点是具有阶梯状倾斜排列的四边形刻面，腰棱周边的刻面较大，越靠近台面或尖底刻面就越小，从视觉上向中心层层收缩。阶梯琢型能够最大程度地体现宝石的色彩，因而适合具有美丽颜色的彩色宝石，如祖母绿、碧玺、海蓝宝石等。阶梯琢型根据形态特点的不同可分为正方阶梯琢型、祖母绿琢型、剪刀琢型、八边形琢型等。

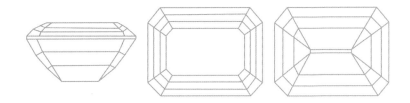

△　**祖母绿琢型示意图**

　　玫瑰琢型，因从正面看去形似一朵盛开的玫瑰花而得名。它的特点是上部由多个规则的三角形刻面组成，通常呈两排分布，这些刻面向上交于一点，下部为一个大而平坦的底面。玫瑰琢型能够最大程度地保留宝石原晶体的重量，且观感古朴雅致，但使用玫瑰琢型加工的宝石火彩和亮度均较弱，故该琢型适用于加工厚度较小的扁平宝石晶体或者尖角状颗粒较小的宝石晶体。玫瑰琢型根据形态特点的不同可分为荷兰玫瑰琢型、双玫瑰琢型、六刻面玫瑰琢型、盾形玫瑰琢型等。

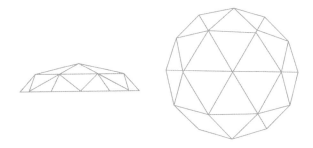

△　**荷兰玫瑰琢型示意图**

弧面琢型，是指表面突起且截面呈现流线型，具有一定对称性的琢型，通常由一个拱起的顶部和一个平的底面构成，但底面也可以是弯曲的。弧面琢型是使用最广泛的一种非刻面型琢型，具有加工方便、易于镶嵌的优点，且能很大程度地保留原石的重量。弧面琢型主要用于不透明和半透明的宝石，以及具有特殊光学效应的宝石。

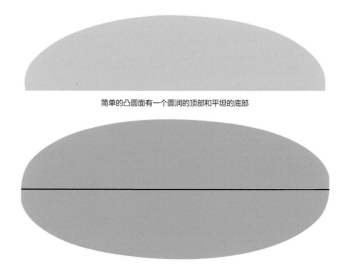

简单的凸圆面有一个圆润的顶部和平坦的底部

双凸圆面的顶部和底部均呈圆形

△ **弧面琢型示意图**

△ **弧面琢型的葡萄石戒面**

3.5 颜料矿物

中国传统颜料大多来自矿物或植物，经筛选、粉碎、研磨、精制而成的矿物颜料在中国的传统绘画上有着悠久的应用历史。矿物以其色质稳定、覆盖性强的特点，让我们在千百年后得以欣赏到色彩艳丽、栩栩如生的杰作。此外，颜料矿物在陶瓷、文物修复等方面也应用广泛。

3.5.1 白色颜料

● **高岭石**

高岭石是一种黏土矿物。高岭石是制作白色颜料的主要原料，是古代壁画中不可缺少的颜料之一。在莫高窟十六国南北朝时期白色颜料样品中均含高岭石，甚至是主要成分。

▷ **高岭石**

● 方解石

方解石是分布最广的矿物之一，用作白色颜料时覆盖性强，不透明，化学性质稳定，几乎不会变色。方解石在距今约7000年的仰韶文化时已开始作为白色颜料使用。从初唐开始，几乎所有白色颜料都含方解石，甚至作为主要成分。

● 云母

白云母一般呈无色或浅黄、褐、灰等颜色，研成细粉后有珍珠般的光泽，具有良好的附着性、渗透性和覆盖性，可用作白色颜料。长沙马王堆一号汉墓出土的"印花敷彩纱"上，光泽晶莹的白色花纹就是白云母绘制而成的。国画界尤其是宫廷画家，常在云气、牡丹花、面孔以及水月观音的纱飘带等部位使用细云母粉，形成微微闪光的效果。

△ 方解石

△ 萤石和白云母

● 滑石

滑石是一种常见的硅酸盐矿物，非常软并且具有滑腻的手感。一般呈块状、叶片状、纤维状或放射状，颜色为白色、灰白色，常因含有杂质而呈各种颜色。滑石粉能提高涂料的附着力和耐溶剂性。莫高窟所有白色颜料样品几乎都含有滑石。

● 石膏

石膏为硫酸钙的水合物，属于普及型白色颜料，应用广泛。各种颜料基本可与石膏调成深浅不同的颜色。壁画和彩塑能够保存至今，石膏起了积极的作用。麦积山有名的千佛廊中，每座佛像栩栩如生，其泥塑表层至颜料层均含大量石膏。在敦煌石窟壁画上出现有石膏、白垩、滑石等成分的混合颜料，但含量很少。唐代以后出现了以石膏为主要成分的颜料样品。

● 白铅矿

白铅矿化学组成为碳酸铅，呈白色、灰色或微带各种浅色。白铅矿曾经被用作颜料，在秦俑彩绘、陕西唐墓壁画、天梯山石窟均有使用。

△ 滑石

△ 石膏

△ 白铅矿和方解石

3.5.2 红色颜料

● 辰砂

辰砂是古代红色颜料的首选。在自然界中，辰砂的颜色从鲜红色、深红色到黑红色，色彩亮丽沉稳。在秦汉时期，辰砂作为红色颜料就被广泛应用。在秦始皇兵马俑，魏晋南北朝后的殿堂壁画、漆器、中国画等艺术品中得到广泛应用。1972年，长沙马王堆汉墓中出土的大批彩绘印花丝织品中的红色花纹就是用辰砂绘制而成。

▷ 辰砂

● 赤铁矿

赤铁矿，呈暗红至鲜红色，条痕为樱桃红或红棕色，色泽文雅，透明度佳，红色土状赤铁矿常用作彩绘颜料，在山顶洞遗址中的石珠、鱼骨、兽牙等装饰品及新石器时期的彩陶中都有应用。

● 雄黄

雄黄，通常为橘黄色粒状固体或橙黄色粉末，质软，性脆，常与雌黄共生。在传统中国画中用以绘制人物服饰、秋色秋果、山水景色、佛衣、寺庙、华盖等。雄黄有毒，可以防止画作发生虫蛀，对书画收藏保存有益。

△ 赤铁矿

△ 雄黄

3.5.3 黄色颜料

● **褐铁矿**

褐铁矿，颜色为黄色、褐色、褐黑至红褐色。其作为颜料被称为土黄、黄赭石，颜色在纯黄到暗黄、暗棕至棕红色之间变化。甘肃天水麦积山石窟的壁画、西安的唐代墓葬壁画中的黄色颜料均使用了土黄。

● **雌黄**

雌黄，呈橘黄至柠檬黄色，条痕鲜黄色。雌黄易于研磨，常用于宫殿、庙宇等建筑彩绘。在河南安阳殷墟、火烧沟遗址、宝鸡西周墓、秦俑彩绘、敦煌莫高窟壁画中均使用了雌黄。

△ **褐铁矿**

△ **雌黄**

● 自然金

自然金的颜色和条痕均为金黄色，色调辉煌夺目、亮丽灿烂，在空气中不易氧化，也常作为颜料。中国古代曾利用金箔或其碎屑，加上黏合剂，制成金泥等涂料，用于印花工艺及绘画。敦煌壁画、莫高窟等许多洞窟中都能见到真金的装饰，在故宫、避暑山庄等名胜古迹更为普遍。

3.5.4 绿色颜料

● 孔雀石

孔雀石，作为颜料又名石绿，因颜色酷似孔雀羽毛上斑点的绿色而得名，其色调变化较大，从暗绿、鲜绿到绿白色，条痕浅绿色。其色泽鲜亮，晶莹剔透，历久不变，作为绿色颜料被广泛使用。在青绿山水画中，与石青一样，是必不可少的姐妹色。唐代李思训《江帆楼阁图》以石青、石绿着色表现了游春情景，山岭间长松桃竹掩映，烟水浩渺，意境深远。在宫廷官府、书法雕字中采用石青、石绿填色，敦煌莫高窟壁画、新疆克孜尔石窟壁画中亦有使用。

△ 自然金

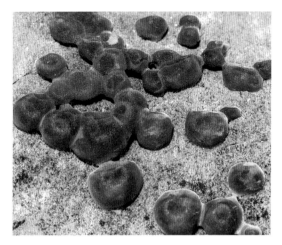

△ 孔雀石

3.5.5 蓝色颜料

● 青金石

青金石，常含有浸染状的黄铁矿，似金星闪烁而得名。青金石所制成的矿物颜料有深蓝色、紫蓝色、天蓝色、绿蓝色等，因其"色相如天"备受历代皇帝喜爱。其颜色纯度高，具有很强的视觉穿透性，艳丽而纯粹。在我国敦煌莫高窟、天水麦积山石窟、永靖炳灵寺石窟、克孜尔千佛洞等壁画上都曾使用青金石作颜料。

● 蓝铜矿

蓝铜矿，作为颜料又名石青，呈浅蓝至深蓝色，常与孔雀石紧密共生。根据原料的粗细、色彩深浅分为头青、二青、三青等。石青是绘制国画中的主要颜料之一，色泽鲜明、晶莹剔透，有珠光宝气和极好的稳定性，主要用于青绿山水画中。宋代王希孟的《千里江山图》以石青、石绿为主基调创作，青绿相间，浑然天成，传承千余年后，依旧保持初绘时的灿烂芳华，成为中国十大传世名画之一、青绿山水画中的鸿篇巨作。石青作为蓝色颜料自唐代以后逐渐取代青金石被广泛应用于壁画、泥塑彩绘创作。在敦煌莫高窟、天水麦积山石窟、内蒙古阿尔寨石窟等石窟寺壁画上都曾使用蓝铜矿作为颜料。

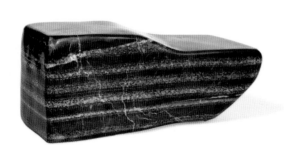

△ 青金石

△ 蓝铜矿

3.5.6 棕黑色颜料

● 软锰矿

软锰矿易于风化成粉末状，经加工可作为灰黑色和钢灰色颜料。在古代岩画中，软锰矿常用来勾画动物和人物。新石器时期马家窑文化彩陶陶片的黑彩以软锰矿、磁铁矿、黑锰矿为主。内蒙古赤峰市海拉苏红山文化彩陶使用的颜料主要有赤铁矿、磁铁矿和软锰矿。

● 石墨

石墨性软，有滑腻感，易研磨，粉末呈亮黑色，比炭和煤性能稳定。中国古代艺术品中的黑色颜料主要是石墨和各种墨。新石器时代末期遗址出土的陶器、魏晋南北朝时期的壁画和山西水泉梁墓的壁画中黑色颜料均为石墨。

△ 软锰矿

△ 石墨

● 黑钨矿

黑钨矿的颜色与条痕色都是褐色至黑色，作为黑色颜料（染料），在古代的绘画和彩绘中应用普遍，也是现代涂料工业中的主要原料。

● 磁铁矿

磁铁矿颜色和条痕均为黑色，古代常用作黑色颜料。

△ 黑钨矿

△ 磁铁矿

3.5.7 文物中的矿物颜料

● **秦始皇兵马俑**

秦始皇兵马俑身上的彩绘是由褐色的有机底层和彩色颜料层构成的，兵马俑身上彩绘所用颜色基本有红、绿、蓝、中国紫、黄、黑、白等，多为天然矿物质材料。例如红色为辰砂，绿色为孔雀石，蓝色为蓝铜矿，棕色为褐铁矿，白色为铅高岭石。中国紫（人工合成的硅酸铜钡）这种颜料在自然界中还未曾发现，而兵马俑却是目前已知的使用中国紫最早的实物。

◁ **秦始皇兵马俑（复原像）**

● 山东博物馆馆藏东平汉墓壁画

东平汉墓壁画发现于山东省东平县，是山东省目前发现的年代最早、保存最完整、艺术水平最高的墓室壁画。墓顶绘制了云气纹和金乌，门楣、墓壁以人物画像为主，间以鸡、狗等动物形象。壁画内容有敬献、谒见、斗鸡、宴饮、舞蹈等场面，各类人物形象多达48人。

通过X射线检测分析，这组壁画主要使用的是矿物颜料，绿色颜料是孔雀石，蓝色颜料是蓝铜矿，黑色颜料是石墨，红色颜料是辰砂。

△ 东平汉墓壁画（局部）

△ 东平汉墓壁画（全景复原图）

参考文献

埃里克. 改变历史进程的 50 种矿物 [M]. 高萍，译. 青岛：青岛出版社,2016:1-213.

蔡剑辉. 本世纪我国新矿物的发现与研究进展 (2000-2019 年)[J]. 矿物岩石地球化学通报, 2021, 40(01):60-80.

何明跃. 新英汉矿物种名称 [M]. 北京：地质出版社,2007:1-288.

黄蕴慧, 杜绍华. 我国第一个新矿物——香花石的发现及研究 (1958)[C]// 中国地质科学院矿床地质研究所文集 (18). 北京：地质出版社, 1986: 26.

黄作良. 宝石学 [M]. 天津：天津大学出版社,2010:1-324.

霍尔. 宝石 全世界 130 多种宝石的彩色图鉴 [M]. 猫头鹰出版社，译. 北京：中国友谊出版公司,2007:1-159.

李金镇, 于松, 吴涛. 元素集合 矿物 [M]. 济南：山东科学技术出版社,2016:1-140.

仇庆年. 传统中国画颜料的研究 [M]. 苏州：苏州大学出版社,2014:1-138.

潘兆橹. 结晶学及矿物学 上册 [M].3 版. 北京：地质出版社,1993: 1-233.

潘兆橹. 结晶学及矿物学 下册 [M].3 版. 北京：地质出版社,1994:1-282.

佩兰特. 岩石与矿物 全世界 500 多种岩石与矿物的彩色图鉴 [M]. 谷祖纲, 李桂兰, 译. 北京：中国友谊出版公司,2005:1-255.

王濮, 李国武.1958—2012 年在中国发现的新矿物 [J]. 地学前缘,2014, 21(01):40-51.

翁润生. 矿物与岩石辞典 [M]. 北京：化学工业出版社,2008:1-458.

泰特.7000 年珠宝史 [M]. 朱怡芳，译. 北京：中国友谊出版公司,2019: 1-282.

曾广策. 晶体光学及光性矿物学 [M]. 3 版. 武汉：中国地质大学出版社,2017:1-314.

赵珊茸. 结晶学及矿物学 [M]. 北京：高等教育出版社,2004:1-441.

结语

结语

　　本书为山东博物馆基本陈列《晶·彩——探寻神奇的矿物世界》的配套科普图录。

　　《晶·彩——探寻神奇的矿物世界》展览于2022年1月26日在山东博物馆21号展厅正式开展。该展览是继山东博物馆新馆自2014年首个自然类常设展览——《非洲野生动物大迁徙展》开展后，全新打造的又一常设原创自然类展览。

　　山东博物馆作为中华人民共和国成立后建立的第一座省级综合性地志博物馆，自然标本收藏与展览一直是其工作的重要组成部分。在山东省文化和旅游厅的大力支持下，山东博物馆领导统筹部署，矿物展的筹备得以顺利进行，并如期开展。山东博物馆一直着力于不断完善展览内容和体系，努力打造观众喜爱的展览以及推动博物馆事业高质量发展等。

　　矿物，广泛应用于现代工业生产，在社会生活中随处可见，但枯燥的矿物学知识却令人生畏，使得公众对其了解不多。展览依托矿物晶体浑然天成的奇特形态、斑斓色彩、璀璨光泽，运用模型、多媒体、触控装置等多种展示手段，以晶体的几何多面体结构、几何线条设计贯穿整个展厅，解读矿物的形成、分类、形态、颜色等，并结合宝石、颜料等矿物在生产生活中的应用，使公众在欣赏矿物之美、感受大自然之奇的同时，普及科学知识，提高全民科学素养。

　　展览由郑同修馆长总负责，杨波、杨爱国、王勇军副馆长具体执行。展览内容主要由刘立群承担，孙承凯、任昭杰、刘勇、卫松涛、贾强、刘明昊、李萌、石飞翔、焦猛、张月侠、赵奉熙、宋爱平、蒋群等为大纲的完善、上展标本的遴选和拍照及现场布展等工作付出了辛勤的劳动。李小涛负责展览各单元标题的英文翻译。展览形式设计由张红雷负责，孙友德、涂强承担教育活动的设计和推广。

本书的编写工作分工如下：第一、二部分由刘立群编写；第三部分由石飞翔统稿整理，其中《矿物利用简史》由贾强编写，《金属矿产》《非金属矿产》由李萌编写，《宝石矿物》由刘明昊编写，《颜料矿物》由石飞翔编写，最后由刘立群统稿整理。阮浩和周坤拍摄了标本照片。山东博物馆杨波、杨爱国副馆长对本书提出了建设性意见，山东省天宇自然博物馆尹士银提供了馆藏金刚石标本照片，自然资源部程利伟、湖南省地质博物馆李光、山东科技大学孔凡梅在标本和文本的科学信息方面给予热情帮助和建议，国家自然博物馆张玉光审定了全书文稿。在此一并表示诚挚的谢意！

限于编者学识水平，加之成书时间仓促，本书难免有不尽如人意之处，敬请读者批评指正。

编者

2022年7月15日

索引

＊ 按汉语拼音字母音序排列，数字代表矿物所在页码

展厅场景图

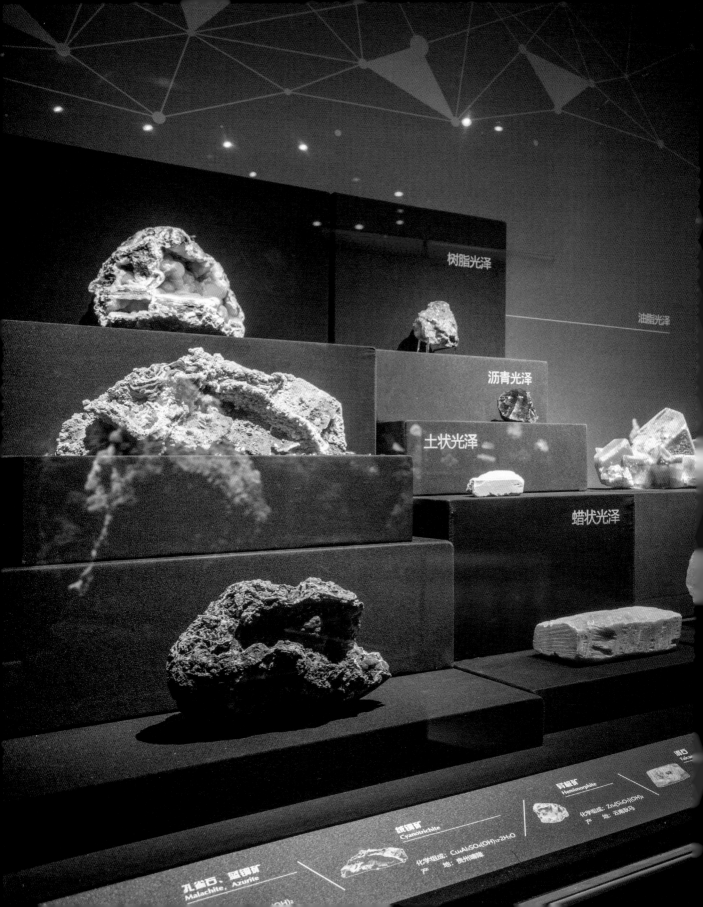

树脂光泽

油脂光泽

沥青光泽

土状光泽

蜡状光泽

滑石
Talc

异极矿
Hemimorphite
化学组成: $Zn_4(Si_2O_7)(OH)_2$
产 地: 云南曲靖

蓝铜矿
Cyanotrichite
化学组成: $Cu_4Al_2SO_4(OH)_{12}·2H_2O$
产 地: 贵州晴隆

孔雀石、蓝铜矿
Malachite、Azurite